세상을 향한 첫 발걸음
군대에서 배운다

국립중앙도서관 출판시도서목록(CIP)

군대에서 배운다 : 세상을 향한 첫 발걸음 / 민찬규 지음.
-- 서울 : 시간의물레, 2012
p. ; cm

ISBN 978-89-6511-054-5 03390 : ₩12000

군대 생활[軍隊生活]

390.2-KDC5
355.1-DDC21   CIP2012005207

세상을 향한 첫 발걸음

군대에서 배운다

민찬규 지음

시간의 물레

<u>프롤로그</u>

어렸을 때는 누구나 쉽게 좋은 대학에 가는 줄 알았고, 나이를 먹으면 키는 저절로 크는 줄 알았다. 또한, 우리나라가 곧 통일이 돼서 군대에 가지 않아도 되는 줄 알았었다. 그러던 내가 이제 군에 갈 나이가 되었다.

군 입대. 생각하면 할수록 부담이 되는 것이 사실이다. '내가 잘할 수 있을까? 군 생활이 힘들지는 않을까? 내 체력으로 버틸 수 있을까? 선임들은 어떨까?' 등의 걱정도 생긴다. 이렇게 군대 갈 때가 되면, 군대란 것이 왜 있어야 하고, 나는 왜 남자로 태어났을까 하는 생각도 하게 된다. 군 생활에 대한 막연한 두려움을 갖는 것이다. 경험이 없어 낯설고 모르는 것에 대한 두려움이다.

이와 같이 사람들은 살아가면서 새로운 것을 접하거나 자신이 통제할 수 없는 상황이 되면 두려움을 갖는다고 한다. 중학교에 처음 입학할 때나 회사에 처음 입사할 때도 정도의 차이는 있지만 낯선 것에 대한 두려움이 생긴다. 군대도 마찬가지다. 입대 초기에는 누구나 새로운 규율과 낯선 환경에 대한 적응으로 어려움을 겪는다. 세상을 살아가면서 매일 반복되는 일상을 제외

하면, 우리가 경험하는 것은 모든 것이 새로운 것이다. 그리고 그것을 통해서 많은 것을 배우게 된다. 군 생활도 똑같다. 군 생활은 사회에서 경험하기 어려운 새로운 세상을 만나게 해주며, 이를 통해 한층 더 성숙해지는 기간이 될 수 있다. 군대도 사람들이 사는 곳이고, 사랑과 행복이 있으며, 자기계발도 할 수 있는 인생의 연속된 과정이다.

'피할 수 없으면 즐겨라'라는 말이 있다. 이 말은 비록 현실이 힘들더라도 그것을 마음으로 받아들이라는 의미이다. 그래야 두려움에서 자유로워질 수 있게 된다. 세상을 살면서 항상 행복할 수만은 없다. 고난과 역경을 슬기롭게 극복하면서 살아가야 하는 것이 인생이라고 보면, 군 생활은 그 첫 단계에 불과하다.

그러나 모르면 걱정이 앞선다. 두려움도 어떤 실체를 모르고 있을 때 생기는 것이다. 우리는 두려움의 실체를 알게 되었을 때 무엇을 어떻게 극복할 수 있을 것인지를 찾을 수 있다. 군 생활도 마찬가지다. 군 생활을 잘하기 위해서는 군에 대해서 많이 알아야 한다. '아는 게 힘이다'라는 말이 있듯이, 군대생활은 아는

만큼 잘할 수 있고 보람되게 보낼 수 있다.

21개월이란 군 생활은 짧은 기간이 아니기에, 시간만 때우며 허송세월로 보내기에는 너무나 귀중한 시간들이다. 생각은 새와 같이 맨몸으로 하늘을 날 수도, 순식간에 산꼭대기에 올라갈 수도, 성공한 나의 모습도 그려낼 수 있다. 이와 같이 생각은 인생을 살면서 가장 강력한 힘의 원천이라고 한다. 생각이 없이는 새로운 출발을 할 수도 없으며, 어떠한 일도 이룰 수 없다. 반면 '할 수 있다'는 생각은 존재하거나 하지 않는 모든 것을 할 수 있게 해준다.

필자는 군 생활을 인생의 소중한 시간으로 생각하고 알차게 보낼 수 있는 방법을 찾는 사람들을 위해 이 글을 쓰게 되었다. 이 책은 필자가 25년간 군 생활을 하면서 느낀 점과 병사들의 경험담, 군대에 관련된 규정 등을 바탕으로 작성하여 다음과 같은 점에서 도움이 될 수 있을 것이다.

첫째, 입대 전에 있는 사람들에게는 군에 대한 잘못된 생각을 바로 잡아 주고, 군 입대에 대한 두려움을 없앨 수 있게 해줄 것

이다. 이를 위해 군에 대한 두려움의 원인과 해결책, 징병검사 시기와 제도, 영장은 언제 나오는지, 입대 준비물은 어떤 것이 있는지 등에 대한 내용을 다루었다.

둘째, 현재 군 복무를 하고 있는 병사들에게 군 생활에 대한 방향을 제시하고 자기계발에 대한 지침서가 될 것이다. 이 책의 핵심적인 부분으로 후임일 때는 어떻게 생활해야 하는지, 힘들고 어려울 때는 어떻게 도움을 받아야 하는지, 선임이 되었을 때는 어떻게 해야 하는지, 자기계발은 어떻게 할 수 있는지 등에 대한 방법과 병사들의 경험담을 소개하였다. 따라서 이 책을 늘 옆에 두고 필요할 때 본다면, 군 생활에 많은 도움이 될 수 있을 것이다.

셋째, 군 간부들에게는 병사들의 마음을 이해하고 지도하는 참고서가 될 것이다. 자식을 군에 보낸 부모들이 바라는 것이 있다면, 다치지 않고 건강하게 전역하는 것이다. 군의 지휘관이나 간부들이 부모나 병사들에게 해줄 수 있는 가장 큰 선물도 역시 입대 전보다 훨씬 더 튼튼한 육체와 정신을 갖춰서 전역을 시키는

것이다. 그러기 위해서는 병사들의 군 생활에 대해서 많이 알아야 하는데, 이 책은 그 역할을 할 수 있을 것이라 기대한다.

끝으로, 책을 완성하는 데 여러 가지 도움을 준 오진석, 최동열, 김광영, 권용성, 이기용, 손우성, 배진우, 박영호, 김수현, 최준상 등에게 고마움을 전한다. 또한, 정성스럽게 책을 만들어 준 '시간의물레' 출판사 권호순 대표님께 감사드린다.

2012년 12월

민찬구

차 례

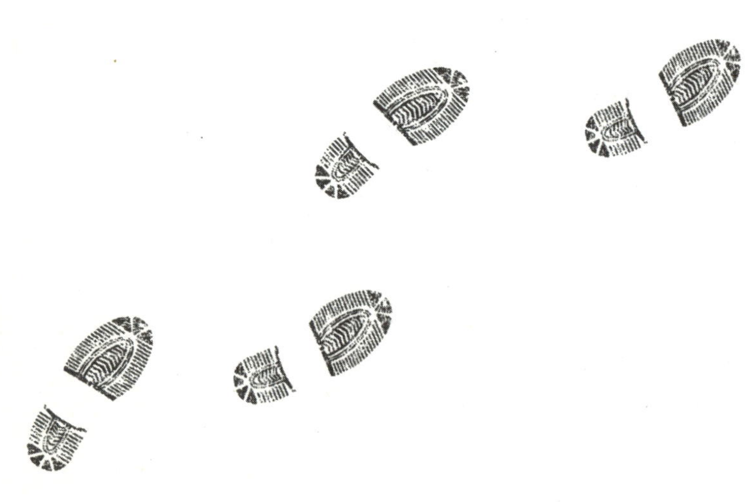

첫 번째 발걸음

군 입대

1. 입대에 대한 마음가짐

입영이라 함은 군대에 들어가 군인이 되는 것을 말하는 것으로, 병역법에 의거 소집 또는 지원을 하여 민간인에서 군대요원으로 군대 병적에 가입하는 것이다. 많은 젊은이들의 가장 예민한 문제 중의 하나가 '군 입대'일 것이다. 대다수의 남자들이 다녀오고, 또 '군대는 다녀와야 한다'고 생각을 한다. 이렇듯 대한민국의 남자로 태어나면 반드시 거쳐야 할 곳이 군대다. 그러나 막상 군에 입대하는 사람들은 막연한 두려움을 가지고 있는 것이 사실이다. 왜 군 입대가 공포의 대상이 되는 것일까?

군 입대를 두려워하는 데는 여러 가지 이유가 있을 것이다. 그 중에서 가장 큰 두려움은 군대가 힘들어서가 아니라, 통제된 생활 속에서 타인에게 복종을 해야 한다는 것이다. 이러한 두려움을 갖는 데는 군대를 갔다 온 사람들의 영향도 크다. 군대를 제대한 사람들은 군에서 경험했던 힘들고 어려웠던 것만을 무용담으로 이야기하는 경향이 있다. 이런 이야기를 들으면 군대생활에 대한 경험이 없는 사람들에게는 마음 한 구석에 막연한 공포심이 생긴다. 이러한 것들이 자신의 현실로 다가올 때 두려움을 갖게 되는 것이다.

사람들은 어떠한 사실에 대한 정보를 갖게 되면 그 일에 자신감을 갖게 되며, 자신이 통제할 수 있는 위험요소는 두려워하지 않는다. 반면 자신이 통제할 수 없다고 생각하는 것에는 두려움을 갖게 된다. 또한, 스스로 선택한 것은 힘든 일이라 하더라도 덜 힘들게 느낀다. 그러나 자신이 통제할 수 없다는 생각을 가지면 더 힘들게 느껴진다. 이것이 군 입대가 부담스러운 첫 번째 이유이다.

두 번째는 군 입대를 함으로써 세상과 21개월 동안 단절 된다는 생각 때문이다. 군대에 가 있는 동안 다른 사람들이 자신의 존재를 잊어버릴 것이라는 것에 대한 두려움이다. 군에 가 있는 동안 사회친구들은 발전하고 있는데, 자신만 도태되고 있다는 생각까지 들게 되면 두려움은 배가 된다. 그래서 군대를 가야 할 시기가 되면 머뭇거리는 것이다.

세 번째는 활달하지 못한 성격이나 체력에 대한 부담으로 군생활을 제대로 해낼 수 있을지가 두려운 것이다. 다른 사람과 잘 어울리지 못하는 것에 대한 걱정, 힘든 훈련을 감당할 수 있을지에 대한 두려움이다. 그러나 이런 것을 입대 전부터 걱정할 필요는 없다.

어니 젤린스키는 "걱정의 40%는 절대 현실로 일어나지 않는다. 30%는 이미 일어난 일에 대한 것이다. 걱정의 22%는 사소한고민이다. 걱정의 4%는 우리 힘으로 어쩔 수 없는 일이다. 나머지 4%는 우리가 바꿔 놓을 수 없는 일에 대한 걱정이다."라고 하였다. 세상을 살다보면, 실제로 걱정한 것의 30%도 일어나지 않는다. 따라서 미리 군 생활에 대해 두려움을 가질 필요가 없는것이다.

입대 전 소심한 성격으로 고민하던 사람들도 훈련소에서 훈련을 열심히 받다 보면, 자신도 모르게 성격이 바뀐다. 훈련은 평범한 사람이라면 누구나 다 받을 수 있는 정도이다. 사회에서는체력단련보다 공부에 더 많은 관심을 갖는다. 그러다보니 체력관리가 제대로 되지 않은 상태로 입대를 하고, 조금만 뛰어도 힘든것이다. 이런 상황은 누구나 똑같다. 처음 입대하는 사람치고 행군, 뜀걸음을 잘하는 사람은 아무도 없다.

우리가 태어나서 걷는 데까지는 수많은 실수와 반복행동이 필요하다. 군대를 두 번가는 사람은 매우 드물다. 누구나 처음으로군 생활을 한다. 처음부터 군 생활을 잘하는 사람은 없다. 그래서 '어떤 생각을 가지고 군 생활을 시작하느냐'가 중요한 것이다.

이처럼 군 입대를 하면서 가장 중요한 것이 마음가짐이다. 군에 자원해서 온 병사들보다는 어쩔 수 없이 오는 경우가 더 많다.자원해서 오지 않았다고 힘들어하고, 시간 때우기 식의 군 생활은 자신을 피곤하고 힘들게 만든다. 하지만 긍정적이고 적극 생활한다면 많은 보람을 찾을 수 있는 곳이 군대다. 군에서도 자기계발을 할 수 있는 방법이 많다.

우리는 주변에서 군대에 간다고 하면, "군대 가서 고생해라", "건강하게 군 생활 잘하고 오라."고 한다. 이처럼 누구나 군대에서 고생할 것을 각오하고 입대한다. 편하겠다고 생각하면 더 힘든 곳이 군대일 것이다. 사람마다 군에 가는 것에 대한 생각은 다를 수 있다. 어찌 보면 군대생활은 세상을 살아가면서 겪게 될 수많은 어려움을 미리 경험하는 곳이고, 이것을 잘 극복할 수 있는지 시험하는 기간이기도 하다. 따라서 군대 가는 것을 두려워할 것이 아니라 극복해야 할 대상으로 생각하면 생활도 긍정적으로 바뀔 것이다.

'천상의 목소리로 희망을 노래하는 두 팔 없는 천사' 레나 마리아는 1968년 스웨덴에서 태어났다. 그녀는 태어날 때부터 두 팔이 없던 관계로 다른 사람들이 일상적으로 하는 것을 배우는 데만도 많은 세월이 필요했다. 일어서서 걷는 데 걸린 시간이 4년, 혼자 옷을 입는 데 12년이란 시간이 걸렸다고 한다. 그러나 사람들은 그녀가 노력하는 열정을 보면서 감동을 받는다. 바로 인간 승리의 모습 때문이다. 옷을 입을 때도, 식사를 할 때도, 악보를 쓸 때도, 피아노 연주를 할 때도 그녀는 두 팔이 없어 모든 것을 두 발로 대신한다.

그녀는 다른 사람들에게 이렇게 질문을 한다. "당신은 무엇을 할 수 있습니까?" 그리고 "이 모든 것이 쉽게 이루어진 것은 아닙니다. 피나는 노력의 결과입니다. 멀쩡한 신체를 가지고도 꿈을 위해 도전할 줄 모르는 것이 바로 장애입니다. 어떤 어려움이 있더라도 한계를 극복하기 위해 도전하는 순간, 당신은 이미 승리자입니다. 나는 양팔이 없고 똑바로 걸을 수도 없습니다. 하지만 나는 한 발로 수영할 수 있고, 피아노를 칠 수 있습니다. 또 나는 수영선수였고, 올림픽에서도 금메달을 땄습니다. 여러분은 여러분이 처한 상황에서 어떤 일을 해낼 수 있습니까?"라고 말한다.

사람은 살아가면서 몇 번의 낯선 세상을 경험하게 된다. 학창 시절에서 군대로, 졸업 후에는 새로운 직장과 결혼생활, 결혼 후에는 부모로, 나이가 들면서는 노인이라는 세상을 경험하게 되는 것이다. 이렇게 또 다른 세상을 살아가기 위해서는 과거에 알고 있던 지식과 경험을 바탕으로 새로운 것에 적응을 잘해야 한다. 새로운 것은 낯설 수밖에 없다. 군대도 그 새로운 세상의 하나라고 생각하면 된다. 전역하고 나면, 왜 술자리에서 군대 얘기를 많이 할까? 힘들었지만 추억과 보람도 많았기 때문일 것이다.

영국에 있는 비버리 민스터(Beverley Minster)의 탑에 '지금 아니면 언제'라는 말이 적혀 있다고 한다. 젊은 시절 '지금 아니면 언제' 또 군 생활을 해 볼 수 있을 것인가? 젊은 시절에 하는 고생은 세상을 살아가면서 겪게 될 어려움을 슬기롭게 극복할 수 있는 밑거름이 된다. 음식도 제맛이 나는 온도가 있다. 김치는 시원해야 제맛이 나고, 국은 뜨거워야 하듯이 군대 생활도 젊었을 때 하는 것이다. 어차피 군 생활을 할 것이라면, 멋지고 보람되게 하는 것이 자신에게 도움이 된다. 피할 수 없으면 즐기는 것이다.

2. 징병검사와 입영일자 결정

우리나라에서 징병제도는 1949년 8월 6일 병역법이 공포되면서 시작되었다. 이후 1950년 2월 1일에 대통령령 제28호로 '병역법 시행령'이 공포되었다. 여기에는 병역의무에 따른 징집, 소집 등 병무 행정상의 구체적 규정이 포함되어 있어, 병역이행의 기틀이 마련되었다.

1) 징병신체검사

헌법 제39조 제1항과 병역법에는 '모든 국민은 법률이 정하는 바에 의하여 국방의 의무를 진다.', '대한민국 국민인 남자는 헌법과 병역법이 정하는 바에 따라 병역의무를 성실히 수행하여야 한다.'고 규정하고 있다.

　이 법률에 따라 대한민국의 남자로서 만 19세가 되는 사람은 징병검사 대상이 된다. 따라서 1994년생은 2013년 11월 30일까지 '징병신체검사'를 받아야 하는 대상자가 된다. 징병검사 일시 및 장소는 본인이 직접 병무청 홈페이지 '징병검사 본인선택'에서 신청하여 선택할 수 있다. 징병검사 일정은 병무청 홈페이지에서 확인할 수 있다. '징병검사 본인선택'을 하려면 공인인증서로 로그인을 해야 한다. 공인인증서는 거래은행 또는 우체국 홈페이지 등에서 발급받을 수 있다.

　'징병검사 본인선택'은 주소지 관할 지방병무청의 징병검사 기간에 검사를 받고자 하는 날의 하루 전까지 선택이 가능하다. 그러나 병무청별로 하루에 징병검사가 가능한 인원이 정해져 있으므로, 대상자들이 선호하는 시기에는 빈자리가 일찍 마감될 수 있다. 대학입학을 위해 재수를 하는 사람들의 경우는 수능이 끝나는 시기에 지원을 많이 하게 되는데, 이런 사람들은 수능 이후로 미리 징병검사 일자를 선택해두는 것이 좋다. '징병검사 통지서'는 이메일로 통보되며, 병무청 홈페이지에서도 조회가 가능하다.

　주소지와 거주지가 다른 학생, 직장인들은 실거주지를 관할하는 지방병무청에서도 검사를 받을 수 있다. 주의할 것은 본인선택 후 개인적인 사정으로 해당 일자에 검사받는 것이 어려울 경우, 검사 하루 전 일과시간까지 '징병검사 본인선택'을 반드시 취소해야 한다는 것이다.

　징병검사는 지방병무청장이 보내는 '징병검사 통지서'에 기록된 일시 및 장소에서 받게 된다. 검사시간은 약 4시간 정도 걸린

다. 징병검사는 신분확인, 심리검사, 신체검사, 적성검사, 병역처
분 판정의 절차로 실시된다. 다음 내용은 병무청 자료를 정리한
것이다.

① 징병검사장에 도착하면 먼저 신분을 등록한다. 그다음 신분
   증으로 본인 여부 확인, 사진 촬영, 나라 사랑 카드 발급, 신
   상명세서와 질병상태문진표 등을 작성한다. 나라 사랑 카드
   란 현행 군 신분증을 스마트(IC)카드로 대체한 전자신분증으
   로 다용도로 활용할 수 있는 체크카드이다. 나라 사랑 카드
   는 병역이행의 모든 과정에서 신분증 역할을 한다. 이 카드
   는 입대 전부터 전역 후 예비군 훈련을 받을 때에도 유용하
   게 활용할 수 있는데, 세부 기능은 아래와 같다.

   ㄱ. 입대 전에는 징병검사용 신분인식 카드, 여비 온라인 지급, 병역증으
       로 사용할 수 있다.
   ㄴ. 입대 후에는 PX 소액결제, 공중전화 할인카드, 사이버지식정보방 전
       자인증 및 결재, 급여통장 등으로 사용할 수 있다. 급여통장과 연계
       하여 사용할 경우에는 타행 현금인출 수수료를 면제해준다.
   ㄷ. 전역 후에는 전역증 역할을 하며, 예비군 훈련을 받을 때는 여비 온라인
       지급, 훈련보상비 온라인 지급, 개인금융카드 등으로 사용할 수 있다.
   ㄹ. 나라 사랑카드로 지정된 편의점을 이용할 경우 일정비율의 할인혜택
       도 주어진다.

② 심리검사는 정신적 건강상태를 확인하는 과정이다. 1차 인성
   검사는 군 복무에 적합한 사회성, 인성, 지적능력에 대한 설
   문검사를 한다. 검사 결과 정밀검사 대상자는 2차 검사를 받
   는다. 2차 검사결과에 따라 복무 적합 여부를 판단한다.

③ 신체검사는 X-ray 촬영, 혈액검사, 소변검사, 심전도검사, 마약검사를 하고, 신장, 체중, 시력과 혈압 등을 측정한다. 신체검사를 통하여 폐결핵, 척추 측만증, 간 기능, 당뇨 및 신장질환, 백혈병, 빈혈 등 신체별 건강상태를 확인하게 된다. 이러한 기본검사를 통해 이상이 있는 경우는 해당과 전문의에 의한 정밀검사를 한다. 신체검사 결과를 종합하여 1~7급의 신체등위로 분류하게 된다.

④ 적성분류는 개인의 사회적 적성, 면허, 전공학과, 직업과 경력 등을 고려해 군 복무와 관련된 기술 분야와 연계성을 고려하여 분류한다. 여기서는 한국 산업인력공단, 대한상공회의소, 경찰청 등 10여 개 기관으로부터 구축된 전산자료를 제공받아 기초자료로 활용한다. 이를 토대로 군 복무와 관련된 분야인 요리, 건축, 토목, 화학, 의무 등으로 분류한다.

⑤ 징병검사의 최종 단계는 병역처분 판정인데, 이것은 신체등위, 학력, 나이 등의 개인별 자질을 종합해 최종적으로 1~7급까지 판정하게 된다. 병역처분 기준은 징병검사 결과 신체등위와 학력의 수준을 기본요소로 결정하지만, 군 병력의 소요와 병역자원의 증가 및 감소에 따라 영향을 받는다. 중졸 이상인 사람의 병역처분 기준은 다음과 같다.

ㄱ. 신체등위 1~3급 : 현역 또는 상근예비역 복무
  이 등급은 신체에 이상이 없거나, 있더라도 정도가 가벼워 현역복무에 적합한 경우이다. 상근예비역은 징집에 의하여 현역병으로 입영한 사람이 기본군사훈련 후 상근예비역에 소집되어 군 복무기간 동안 집에서 출·퇴근하면서 향토방위와 관련된 분야에 복무하는 것을 말한다.

ㄴ. 신체등위 4급 : 보충역(사회복무요원) 복무

신체에 이상이 없거나, 있더라도 정도가 가벼워 현역복무에 적합한 경우로 가용자원에 따라 4급 판정자도 현역 입영이 될 수 있다. 보충역이라 함은 징병검사를 받아 현역복무를 할 수 있다고 판정된 사람 중에서 병력수급 사정에 따라 현역입영 대상자로 결정되지 않은 사람이 해당된다. 공익근무요원은 사회복무요원으로 명칭이 변경되었다.

ㄷ. 신체등위 5급 : 제2국민역(전시 근로소집)

제2국민역에 해당되는 사람은 질병, 심신장애 정도가 심하여 현역 및 보충역(사회복무요원) 복무도 부적합한 경우이다. 제2국민역은 징병검사 또는 신체검사 결과 현역 또는 보충역 복무는 할 수 없으나, 전시 근로소집에 의한 군사지원 업무를 감당할 수 있다고 판단되는 사람이 해당된다. 또한, 2011년 11월 25일 이후 병역기피나 감면을 목적으로 속임수를 써서 징역형을 선고받은 사람은 보충역 또는 제2국민역 편입대상에서 제외하였다. 그리고 2012년부터는 출산율 저하에 따른 병역자원 부족현상이 나타나면서 중학교를 졸업하지 않은 사람에 대하여 제2국민역으로 병역처분을 하던 제도도 폐지되었다.

반면 보충역(4급)이나 제2국민역인 사람(5급)이 질병 또는 심신장애를 치유해 현역 또는 사회복무요원으로 복무를 원하는 사람은 병역처분변경원서를 지방병무청장에게 제출하면 신체검사를 거쳐 현역이나 사회복무요원으로 병역처분을 변경하여 입영할 수 있는데, 그 내용은 다음과 같다.

· 제2국민역(5급)이었던 사람이 질병을 치유하여 재신체검사를 한 결과 1~3급 판정을 받으면, 현역 또는 사회복무요원 중에서 본인이 선택하여 복무할 수 있다. 그렇지만 본인이 희망하는 역종의 신체등위로 판정을 받지 못하면, 그대로 제2국민역이 유지된다.
· 제2국민역(5급)이었던 사람이 현역복무를 원하는 경우 재신체검사 결과 4급(보충역) 판정을 받은 경우에는 병역처분을 변경하지 않는다.
· 보충역(4급)이나 제2국민역인 사람(5급)이 재신체검사 결과 신체등위 7급(재신체검사 대상)으로 판정받으면, 병역처분은 변경되지 않는다.

· 보충역(4급)이나 제2국민역이었던 사람이 재신체검사를 받아서, 현역입
  영 대상(1~3급)으로 판정받아 현역병으로 입영한 사람은 보충대나 입소
  대대의 신체검사에서 귀가조치 되면 재신체검사 전의 신분인 4급(사회
  복무요원) 또는 제2국민역(5급)으로 변경된다.

ㄹ. 신체등위 6급 : 병역 면제

병역 면제가 되는 경우는 질병, 심신장애 정도가 아주 심하여 병역의무
를 감당할 수 없는 사람이다. 2012년부터는 병역회피를 방지하기 위한
'확인신체검사' 제도가 신설되었다. 이 제도는 병역회피가 의심되는 사람
에 대하여 '확인신체검사'를 하여 병역회피가 인정되면 수사기관에 고발
하며, 병역회피행위로 확정된 경우에는 기존에 받은 병역처분은 취소되
고 다시 징병검사를 받아야 한다. 확인신체검사 대상은 다음과 같다.

· 안과 또는 정신과 질환을 사유로 제2국민역 또는 병역면제 처분을 받은 사
  람이 신규로 운전면허 취득 또는 수시 적성검사에 합격한 경우
· 정신과 질환 사유로 제2국민역 편입 또는 병역면제 처분을 받은 사람
  이 취득할 수 없는 각종 면허나 자격을 취득할 경우
· 계속 치료를 받아야 하는 질병임에도 불구하고 필수적인 치료를 중단한
  경우
· 그밖에 진단서 위조 등 병역회피 증거가 있거나 가능성이 높다고 인정
  되는 경우이다.

ㅁ. 신체등위 7급 : 재신체검사 대상(치료 가능한 질병이 있는 자)

현재 질병 치료 중으로 일정 기간이 지난 후 재검사가 필요한 사람들에
게 판정되는 등급이다. 신체검사 결과 재신체검사 대상자로 판정받은 사
람은 경과 관찰기간이 2012년부터는 2년으로 연장되었다. 충분한 치료
기간을 보장하기 위해서다.

징병검사를 받았다고 해서, 바로 군에 입대하는 것은 아니다. 1994년생은 2013년에 징병검사만을 받는 것이지, 2013년에 군 입대를 하는 것은 아니다. 징병검사를 받으러 가면, 다음 연도 '입영희망 월'을 선택할 수 있다. 이때 선택하는 '입영희망 월'은 병무청에서 다음연도 입영일자를 결정할 때 참고 자료로 활용하며, 이 자료에 의해 최종적으로 결정되는 것은 아니다. 다음 연도 입영일자는 징병검사를 받은 당해 연도 12월에 최종 결정된다. 즉, 내년에 입영하는 일자는 올해 12월에 결정되는 것이다.

입영일자는 본인이 선택할 수 있는데, '입영일자 본인선택'은 매년 12월에 병무청 홈페이지에서 일정기간 접수를 받는다. '입영일자 본인선택'은 병무청 홈페이지에 매년 12월 초에 다음 연도 1월~12월까지 입영 가능한 일자를 한꺼번에 공지하며, '입영일자 본인선택'을 선착순으로 지원을 받는다. 많은 사람들이 동시에 지원을 하는 경향이 있으므로 본인이 희망하는 일자가 바로 마감될 수도 있다.

접수결과 총 대상공석에서 '입영일자 본인선택'을 한 인원을 제외하고, 나머지 공석은 입영일자를 선택하지 않은 사람들을 전산으로 배정한다. 그렇지만 입영일자는 연간 충원계획, 입영부대에서 소요되는 적성, 대상자들의 입영희망 시기와 적성 등을 고려하여 병무청 컴퓨터로 자동 결정되므로 모든 인원이 원하는 시기에 입영일자를 받는 것은 아니다. 만약 입영희망 시기에 공석이 없을 경우에는 수시로 병무청에 확인하여, 취소 또는 연기신청한 사람의 공석을 받을 수도 있다. 대학생의 경우에는 '재학생 입영원'을 제출하면 입영일자 배정에서 고려된다. 이 서류는 연중제출이 가능하며, 본인이 희망하는 '월'을 선택해서 제출하면 된다.

영장은 입영통지서를 말하는데, 입영통지서는 입영일자가 정해지면 입영하기 30일 전에 등기우편으로 보내진다. 입대연기는 입영통지서가 나오거나 입영일자가 결정이 된 다음에 할 수 있다. 입영일자가 2013년 12월로 결정이 되어 있다고 하더라도, 11월에 수능을 보기 위해 입대를 연기할 수 있다. 연기 신청은 병무청 홈페이지 '민원마당'에서 대학입시 사유로 '입영 연기원'을 제출하면 다음 해인 2014년 5월 31일까지 연기가 가능하다. 추가로 연기를 희망하는 사람은 대학수학능력시험 접수증 등의 증빙서류를 제출하면 22세가 되는 2015년 5월 말까지 연기도 가능하다.

입영일자가 내년도 11월 또는 12월로 결정되어 있다고 하더라도 입영일자 이전인 3월에 대학에 입학하게 되면, 학교에서 병무청으로 보내는 학적명부에 의해서 입영은 자동으로 연기된다. 그리고 이미 정해졌던 11월 또는 12월 입영일자는 없어지게 된다.

대학생들은 병역법 제60조 '징병검사 및 징집연기사유'에 의거 대학졸업 또는 제적 시까지 징집 연기가 가능하다. 기간은 2년제 과정은 22세, 3년제는 23세, 4년제는 24세, 의과대는 25세까지이다. 또한, 고등학교를 졸업한 후에 산업체 등에 취업한 사람도 24세까지 입영연기가 가능하다. 그러나 유흥주점, 편의점, 주유소, 패스트푸드점 등에서 아르바이트로 일하는 경우에는 입영연기 대상에 포함되지 않는다.

　　2007년 1월 19일 병역법 개정으로, 징병검사 결과 현역 또는 보충역으로 병역처분을 받은 사람이 장기간 입영연기 등으로 입영하지 않은 경우, 2012년부터는 재징병검사를 실시한다. 이 제도는 징병검사를 받고 장기간 입영 연기한 사람이 징병검사를 받을 당시와 건강상태가 달라질 수 있는 불합리한 점을 개선한 것이다.

　　예를 들어, 2009년도 징병신체검사를 받고, 2013년 12월 31일까지 4년 동안 병역의무를 이행하지 않은 사람은 5년 차가 되는 2014년에 재징병검사를 받게 되는 것이다. 재징병검사 결과 병역처분이 변경되면 변경된 처분으로 병역을 이행하게 된다. 그렇지만 재징병검사를 받더라도 사유가 있는 사람은 계속 입영연기가 가능하며, 법령에 따라 보충역에 편입된 사람, 재징병검사 이전에 입대하는 사람, 재징병검사를 받는 해에 입영일자가 결정된 사람은 검사대상에서 제외된다.

3. 모집병 지원 및 선발

　　영장이 나오기 전에 군에 입대하려면 모집병에 지원하는 것이다. 모집병은 최종합격하면 지원한 달로부터 2~3개월 후에 입영할 수 있다. 육군 모집병은 기술행정병, 유급지원병, 직계가족병, 동반입대병, 다문화가정 동반입대병, 중졸특기병, 개별 모집병 등 7개 분야가 있다. 모집병은 매월 병무청 홈페이지를 통해서 접수 받는다. 모집병은 입영 희망시기를 정하여 지원하면, 별도로 신체검사 일자를 통보해 준다. 모집병의 일반적인 자격기준은 접수연도 기준 18세 이상 28세 이하인 사람, 중학교 이상의 학력을 소지한 사람 또는 교육인적자원부장관이 인정하는 동등학력 소지자, 신체등위 1~3급으로 현역입영 대상인 사람이다. 다음은 모집병에 대한 내용을 정리한 것이다.

1) 기술행정병

기술행정병은 K1전차승무, 운전병 등 매월 145개 군사특기별로 모집한다. '육군 기술행정병'은 지원 후 2~3개월 뒤에 입영이 가능하다. 육군 기술행정병의 지원조건은 다음과 같다.

① 관련 자격증 또는 면허증 소지자, 대학교 관련학과에 재학 중이면 지원이 가능하다.
② 기술행정병 지원이 가능한 특기는 병무청 홈페이지 '육군병 모집'에서 자격증, 면허증, 전공학과를 입력하여 검색할 수 있다. 모집일정도 이곳에서 확인할 수 있다.
③ 모집병에 지원을 한 경우에는 1차 합격자 발표일에 합격여부를 확인하고, 수험표 상의 면접일자에 응시하면 된다. 면접 후에는 최종합격자 발표일에 병무청 홈페이지에서 합격여부를 확인한다.
④ 선발방법은 자격·면허·전공학과와 관련된 군사특기별 1~5지망을 선택하여 특기별로 합격자를 선발한다. 1차 합격자는 자격·면허·전공 점수를 반영하여 고득점자 순으로 선발한다. 최종합격자는 1차 합격자를 대상으로 면접, 신체검사, 신원조회 등을 거쳐 고득점자 순으로 결정한다.

2) 유급지원병(전문병)

　유급지원병은 첨단 장비 운용 및 기술숙련 직위에 필요한 전문 인력으로 병 의무복무기간인 21개월까지는 전문병으로 복무하고, 21개월이 지난 후부터 전역할 때까지는 전문하사로 복무하는 제도이다. 전문병의 의무복무기간은 총 3년이다. 하사 임용 후에는 일정액의 급여와 장려수당을 받으면서 군복무를 하게 된다. 병역의무를 이행하면서 목돈을 마련할 수 있는 기회로 활용할 수 있다. 유급지원병은 매월 모집하며, 자격요건은 다음과 같다. 세부적인 내용은 이 책의 다섯 번째 발걸음 '8. 전역 후 미래 설계 비용 마련'을 참조하기 바란다.

① 해당분야 자격·면허를 취득한 사람
② 해당 전공학과 전문계 고교 3년 이상 수료했거나 대학재학 이상인 사람
③ 한국폴리텍대학 비학위과정(기능사 양성과정 등) 6개월 이상 수료자
④ 대한상공회의소 산하 인력개발원에서 6개월 이상 교육수료자

3) 직계가족병

　육군은 수요자 중심으로 국민편익을 증진하고, 신 병영문화 정착을 위해 '직계가족 복무부대 지원입대 제도'를 시행하고 있다. 이 제도는 다음과 같은 원칙을 준수하여 시행한다.

① 지원 자격은 일반적인 모집병 요건을 충족하면서 직계가족이 현역으로 복무한 사단 및 여단으로 군 입대를 희망하여 지원한 사람이 된다.
② 징병검사 결과 현역입영 판정이 되어야 가능하다.
③ 직계가족의 범위는 남녀평등 원칙과 여군(퇴역 포함) 인력을 고려하여 조부모, 부모, 친형제, 친누나, 친여동생으로 한다.
④ 직계가족이 복무할 당시 현존하던 사(여)단이 개편, 해체된 경우 그 부대를 승계한 사(여)단을 복무부대로 적용한다.
⑤ 지원 가능부대는 전방 사단 및 여단이다. 수도권, 도심지역 및 후방에 위치한 부대는 지원부대에서 제외된다.
⑥ 현역간부가 근무 중인 사(여)단에는 그 자녀(아들)가 지원할 수 없다.
⑦ 현역간부 자녀는 연대급 이하 제대에 배치한다.
⑧ 병적확인은 병무청에서 확인하며, 현역간부 및 현역으로 복무 중인 병사에 대한 병적확인은 육군본부에서 실시한다.

　접수는 매월 받으며, 지원 시기는 입대 희망 3개월 전(4월 입대자는 1월에 접수)이다. 접수처는 병무청 인터넷(www.mma.go.kr)의 '직계가족병' 모집창구로 하면 된다.

‘동반입대제도’란 가까운 친구나 동료와 함께 입영하여 훈련을 받고, 같은 생활권 단위 부대로 배치되는 제도이다. 이 제도는 2003년도에 도입되었으며, 전역할 때까지 동반 입대한 동료와 서로 의지하며 군 복무를 할 수 있다는 장점이 있다. 지원 자격은 만 18~28세까지이고, 신체등위가 1~2급으로 지원자 2명이 친척, 학교동창, 친구 등 동반입대 자격을 구비하여야 한다. 입영은 지원서를 접수한 다음 2개월 후에 입영한다. 1월에 지원서를 접수하면 3월에 입영하게 된다. 접수는 인터넷 병무청 홈페이지에서 하며, 방법은 아래와 같다.

① 동반입대 할 2명이 함께 지원서를 작성해야 한다.
② 인터넷으로 선착순 지원을 받으며, 모집인원의 100% 범위 내에서만 지원이 가능하다.
③ 2명 중 1명이 공인인증 이후 함께 지원서를 작성한다.
④ 접수기간 중 접수 취소로 결원이 생길 때는 추가로 접수가 가능하다.
⑤ 별도의 면접절차 없이 접수순으로 선발한다.
⑥ 육군 일반병으로 입영일자가 결정된 경우에는 입영일자가 30일 이상 남아 있어야 지원이 가능하다.
⑦ 육·해·공군 모집병 등에 이미 접수하였거나 1차 합격한 사람은 접수가 불가하다. 단, 접수를 취소한 다음에는 지원이 가능하다.
⑧ ‘동반입대병 지원서 접수’ 취소를 하는 경우 동반입대자도 같

이 취소된다.

⑨ 지원서 접수 후에는 반드시 수험표를 출력하여 신체검사 및 합격자 발표일 등을 확인하여야 하며, 지원자 모두 공인인증서가 필요하다.

'동반입대 복무제도'는 2명을 동일한 내무생활권으로 배치하여야 하므로, 사단 및 군단 직할부대의 대대급 이하 부대로 배치된다. 근무지역은 주로 강원도와 경기도 지역이다.

5) 다문화가정 동반입대병

다문화가정 동반입대 제도란 다문화가정 출신 병사 2~3명 또는 다문화가정 자녀와 일반가정 자녀가 함께 입영하여 같은 내무생활권 단위부대로 배치를 받고 군복무를 할 수 있도록 하는 것으로 2011년 1월부터 시행되었다. 다문화가정이라 함은 결혼이민자, 외국인 귀화자, 새터민 가정 등을 말한다.

지원 자격은 만 18~28세까지이고, 중졸 이상의 학력과 신체등위가 1~2급의 현역입영 대상자가 된다. 단, 외관상 명백한 다문화가정 자녀들이 지원할 경우는 신체등위가 1~3급일 경우에도 가능하다. 접수는 인터넷 병무청 홈페이지에서 하며, 지원요건 및 자격은 〈표 1-1〉과 같다.

〈표 1-1〉 다문화가정 동반입대병 지원요건 및 자격

모 집 유 형	신체등급	특 기	근무지역
① 아시아계 다문화가정 자녀들 간 지원	1~2급	28개 특기	강원·경기도
② 외관상 식별이 명백한 다문화가정 자녀와 일반가정 자녀 간 지원			
③ 외관상 식별이 명백한 다문화가정 자녀들 간 지원	1~3급	본인희망 및 부대운영 등을 고려하여 분류	

① 동반입대 할 2~3명이 함께 지원서를 작성한다.

② '다문화가정 동반입대병' 지원자는 지원서 접수 마감 다음 날까지 다문화가정이라는 것을 확인할 수 있는 가족관계 증명서 등의 서류를 해당 병무청으로 제출하여야 한다.

③ 기타 절차는 '동반입대병'과 같다.

6) 중졸 특기병

중졸특기병 제도는 중졸 입영자에게 개인의 희망에 따라 기술특기를 부여하고 군대생활을 하는 동안 기술을 익힐 수 있도록 하여, 전역 후에는 취업을 할 수 있다는 '꿈'과 '희망'을 갖도록 하는 취지에서 도입된 제도이다. 여기에 해당되는 조건은 학력이 중졸이면서 현역입영 대상자로 판정된 사람이다. 지원은 매월 특기병 모집 때 같이 한다.

이들에게는 입영 전에 개인이 희망하는 특기를 선택할 수 있도록 한다. 그리고 일반훈련병들과 같이 신병 기본훈련 5주를 수료하고, 그 다음 특기별 병과학교에서 후반기(주특기) 교육을 받는다. 또한, 자대에서 주로 기술 분야에 보직되어 근무를 하며, 자격증 취득기회도 부여된다. 기술자격증은 주로 필기시험이 면제되는 종목을 권장한다. 필기시험이 면제되는 국가기술자격 취득 종목은 굴삭기운전, 불도저운전, 그레이더운전, 지게차운전, 페이로다운전, 특수용접, 전기용접, 가스용접, 건설기계차체정비, 자동차정비, 궤도장비정비, 환경, 전자기기, 건설기계기관정비 등이다. 세부적인 내용은 이 책의 제5장 '자격증과 검정고시 취득'을 참고하기 바란다.

7) 개별 모집병

개별 모집병은 군에서 필요한 주요 직위 운영에 관련되는 병사들을 분야별 자격기준에 의해 지원자를 받아 선발하여 입영시키는 제도이다. 여기에는 주로 카투사, 어학병, 특전병, 군악병 등 20여 개 분야가 있다.

① 카투사(KATUSA)

카투사(KATUSA : Korean Augmentation Troops To the United States Army)는 주한 미 육군을 지원하기 위해, 주한 미 육군(미8군)부대에 근무하는 한국육군 병력이다. 카투사는 1950년부터 선발하여 운용하기 시작하였으며, 그 당시 선발인원은 100명이었다. 2003년부터는 선발업무가 병무청으로 이관되었으며, 현재는 1,900여

명을 선발하여 운영하고 있다.

한국군 지원단은 카투사제도 전반에 관하여 주한 미 육군과 연락 및 협조 임무를 수행하는 육군본부 예하에 속해 있는 부대이다. 한국군 지원단은 한국 육군본부의 통제를 받아 주한 미8군부대에 근무하는 한국육군 요원의 인사행정 관리와 지정된 교육을 한다. 카투사의 보충 및 선발은 예상손실을 감안하여, 병무청에서 전원 공개모집으로 선발하여 보충한다. 선발방법은 다음과 같다.

ㄱ. 중앙병무청장 책임 하에 연 1회 공개모집으로 선발하며, 지원 기회는 1회로 제한한다.
ㄴ. 현역병 입영대상자 중에서 일정한 성적 이상자를 무작위 전산 분류하여 1차로 선발하며, 부적격자를 제외한 인원을 최종 선발한다.
ㄷ. 시험안내 및 지원서 접수는 각 지방병무청에서 한다.

카투사로 입영한 사람은 훈련소에서 5주간 신병교육훈련을 받는다. 수료 후에는 미8군 한국군 지원단으로 분류된 다음, 카투사교육대에서 3주간을 교육받는다. 교육 후에는 의정부, 동두천, 구미 등 미군부대 내 한국군 지원단으로 분류된다.

카투사에 대한 군사특기 및 최종분류는 한국군 지원단에서 실시한다. 특기분류는 영어성적, 전공, 자격증, 경력 등을 고려해 점수를 산정하고, 특기 우선순위에 의거 상위점수 순으로 군사특기를 결정한다. 부대분류는 전산으로 무작위 분류한다.

② 어학병

어학병이란 한국군의 정보사, 기무사, 한미연합사, JSA 등에서

번역이나 통역 등의 임무를 수행하는 요원이다. 지원 자격은 18세 이상 28세 이하자로, 신체등위가 1~3급의 현역 입영대상자이다. 중학교 졸업 이상의 학력과 일정기준의 어학성적을 갖추면 지원할 수 있다. 영어 어학병 지원 성적 기준은 〈표 1-2〉와 같다.

어학병은 지원서에 입력한 어학성적 고득점자 순으로 모집인원의 2배수를 1차 선발한다. 그리고 1차 선발된 사람에 한하여 어학능력평가를 실시하며, 그 결과 고득점자 순으로 모집 인원만큼 최종 선발인원을 결정하게 된다. 접수는 병무청 홈페이지(www.mma.go.kr)에서 '어학병'을 선택하면 된다. 영어 이외에 중국어, 러시아어, 아랍어, 프랑스어, 독일어 등의 어학병도 수시로 모집한다.

〈표 1-2〉 영어 어학병 지원 성적 기준

구 분	TOEIC	TEPS	PBT	CBT	IBT	G-TELP (Level 2)	FLEX
성 적	900	870	600	250	100	90	870

8) 병 연고지 복무제도

'병 연고지 복무제도'란 개인 희망 연고지역에서 군 복무를 할 수 있게 하는 제도로, 2010년 7월부터 시행하고 있다. 이 제도는 연고지에 대한 친밀감과 안정감, 익숙한 지형 등을 통하여 병사들이 군대생활에 빠르게 적응하도록 하기 위한 것이다. 병 연고지란 과거 2년 이상 거주한 경험이 있는 지역을 말하며, 출생지, 성장지, 현재 및 과거 거주지 등을 기준으로 한다.

전방부대의 연고지역은 파주, 철원, 화천, 인제, 동해 등이고, 근무는 연고지역 근처의 전방사단에서 하게 된다. 2012년부터는 후방지역의 해안을 담당하는 일부 향토사단도 연고지역 복무가 가능하도록 확대되었다. 전방지역의 연고지역 분류기준은 〈표 1-3〉과 같다.

<표 1-3> 연고지역 분류기준

구 분	연 고 지 역
경기도	파주시(법원읍, 문산읍, 광탄면, 적성면), 양주시(남면), 연천군(연천읍, 전곡읍, 백학면, 중면, 군남면)
강원도	철원군(갈말읍, 동송읍, 김화읍, 서면, 근남면), 인제군(북면, 서화면), 화천군(상서면, 화천읍, 사내면), 양구군(남면, 방산면, 동면, 양구읍, 해안면), 고성군(죽왕면, 간성읍, 거진면), 삼척시, 양양군, 강릉시, 동해시

① 전방은 연대급 이하 제대, 군단이나 사단의 직할대 복무가 가능하다. 단, 2작전 사령부(이하 '2작사') 지역은 해안담당 대대급 이하 제대만 가능하다.

② 보충대(102, 306) 및 육군훈련소, 2작사 예하 신병교육대 입영자원 중에서 연고지 복무를 희망하는 자는 신청할 수 있다.

③ 연고지 복무 신청은 102·306보충대, 육군훈련소, 2작사 예하 향토사단 신병교육대에서 한다.

④ 출생 및 성장지는 주민등록으로 확인한다.

⑤ 현 거주지는 부모 또는 배우자와 함께 거주할 경우에는 거주 기간의 제한이 없다. 단독으로 거주한 경우는 2년 이상이 되어야 한다.

⑥ 1개 부대의 연고지 병력이 해당부대 전체 보직인원의 30%를
  초과할 때는 본인이 선택한 1~3지망 중에서 전산으로 무작위
  분류한다.
⑦ 동반입대 자원이 연고지를 선택한 경우, 2명이 동일한 연고지
  를 신청할 때는 희망 연고지로 분류한다. 연고지가 서로 다를
  때는 1명이 신청한 부대에 다른 인원이 동의하면 분류가 가능
  하다.

9) 국외 영주권 자진입대자 적응기간

육군훈련소에서는 영주권보유 자진입대자들의 복무여건을 마
련하고자 '국외 영주권 자진입대자 초기적응 프로그램'을 운영하
고 있다. 적응교육은 육군훈련소의 입소대대에서 1주일간 실시
한다. 이들은 국내 입영 대상자들이 입소하기 1주일 전에 소집되
어 교육을 받는다.

교육방법은 조교가 1:1로 전담하여 지도한다. 교육내용은 주로
문화적 차이를 해소하기 위한 조국의 역사, 의식주에 관련된 내
용, 군 복무 예습을 위해서 군사용어, 병영생활, 물자 및 장비사
용요령 등을 교육한다. 1주일간 적응교육을 받은 후 다른 입영자
들과 같이 신병교육훈련을 받게 된다.

4. 입영 준비물

입영을 앞둔 사람들은 마음이 안정되지 않는다. 입영 전날, 잠자리에 들면, '내일은 생전 처음 가보는 곳에서 처음 만나는 사람들과 같이 잠을 자는구나'라는 생각도 든다. 전역한 선배나 지인의 "군대에서 무엇을 할 것인지 생각만 하더라도, 군 생활을 잘할 수 있다."는 말에, 막연하게나마 책도 많이 읽고, 운동도 열심히 하면서 친구도 많이 사귀자는 생각도 해 본다. 그러나 아직은 현실이 아니기에, 이 말은 피부에 와 닿지 않는다. 이와 같이 입영 전날은 심난한 마음 그 자체다. "몸만 가도 들여 보내준다."며 애써 준비할 필요가 없다는 사람도 있지만, 입영 전에는 준비물들을 미리 챙길 필요가 있다. 필자와 병사들의 경험을 기준으로 몇 가지를 정리해 보았다.

① 입영 전에 재학생은 현역병 입영통지서를 근거로 학교에 휴학 신청을 해야 한다. 휴대전화나 유료 인터넷 사이트 등은

입영 전에 일시정지나 해지시키는 것이 좋다. 입대해서 사용할 일이 거의 없고, 입대 후 해지하려면 여러 가지 번거로울 수 있기 때문이다.

② 입대 전에는 송별자리가 많게 마련인데, 잦은 과음으로 인하여 몸이 지친 상태로 입영하는 것은 피해야 한다. 신병교육훈련 기간에는 사회에서와 다르게 체력소모가 많다. 따라서 입대하기 2~3일 전부터는 몸 상태를 조절하는 것이 좋다. 또한, 과다한 음주는 혈압과 지방간 수치 등을 일시적으로 상승시켜 신체검사에서 불합격할 수 있다. 신체검사에 불합격하면 귀가 조치되며, 이럴 경우 자신이 생각하고 있던 앞으로 몇 년의 계획이 바뀔 수 있다.

③ 이발은 앞머리와 윗머리를 3cm 내외로, 옆머리와 뒷머리는 1cm 이하의 스포츠형으로 자르면 된다. 이발을 하지 않고 입영을 하게 되면, 입영 후 부대에서 이발을 해준다. 그러나 입영해서 이발을 하게 되면, 낯선 환경에서 단체로 이발까지 하게 되어 더욱 심난한 마음이 들 수 있다. 따라서 입영 전에 머리를 자르면서 군 생활에 대한 마음을 다지는 것이 좋을 듯하다.

④ 입영할 때 꼭 가지고 가야 할 것은, 입영(소집)통지서, 주민등록증(신분증), 여비지급확인서, 나라 사랑 카드이다. 신분증과 입영통지서 등은 본인여부를 확인하기 위한 증명서다. 여비는 지급기간 동안 여비지급확인서, 청구서와 신분증을 휴대하여 가까운 우체국에서 수령하면 된다. 이 기간에 수령하지 못한 사람은 해당 지방병무청으로 연락하여 안내를 받으면 된

다. 질병이 있거나 치료를 필요로 하는 사람은 입증할 수 있는 서류를 가지고 가면, 신체검사 때 참고한다. 또한 기술자격이나 면허취득자는 자격증 사본을 제시하면 특기심사할 때 참고자료가 된다. 나라 사랑카드는 신체검사 받을 때 지급된 것을 휴대하면 된다.

⑤ 입영 당일 복장은 간편하게 입고 가는 것이 좋다. 입영 후에는 보충대나 입소대대에서 모두 군복으로 갈아입는다. 그리고 입영할 때 입었던 사복은 봉투에 포장하여 보관하였다가, 신체검사가 끝난 다음 집으로 보낸다. 반면, 보충역은 단체로 보관하였다가 퇴소할 때 개인에게 돌려준다.

⑥ 너무 많은 현금을 가져가지 않는 것이 좋다. 입영할 때 휴대한 현금은 전액 회수한다. 이 돈은 개인별 통장에 입금하여 관리하다가 신병훈련을 마칠 때 돌려준다. 신병훈련 중에는 돈을 사용할 일이 거의 없다. 신용카드도 마찬가지이다. 카드는 체크카드 기능이 있는 나라 사랑 카드만 휴대하면 된다. 훈련 기간 중 간단하게 다과회를 하는 데 필요한 돈은 개인별로 3~5만 원 정도이다.

⑦ 군대 간다고 하면, 필요한 물품이라고 주변에서 깔창, 시계 등을 준비해 주는 경우가 많다. 새로 보급되는 신형 전투화와 기능성 전투화에는 깔창이 포함되어 있어, 전투화 깔창은 휴대할 필요가 없을 것으로 생각된다. 그러나 특이 체형의 발을 가진 사람에게는 도움이 될 수도 있다. 구급약품은 생활관마다 비치되어 있어 언제라도 사용이 가능하다. 입대 전부터 먹던 의약품(천식, 당뇨, 고혈압, 아토피성 피부질환 등)은 군의관

확인 후 개인이 보관할 수 있다. 영양제 등은 회수하였다가, 훈련이 종료되면 본인에게 다시 돌려준다. 겨울에 쓰는 핫패드는 부대에서 보급된다. 추가적으로 필요할 경우에는 준비한 핫패드를 사용할 수도 있다.

⑧ 시계, 지갑 등은 훈련 중에도 사용할 수 있다. 시계는 야광이 되면서 방수가 되는 것이 좋다. 야광이 아닌 시계는 불빛으로 시간을 보아야 하는데, 초소근무 시간 중에는 불빛을 사용할 수 없도록 되어 있다.

도시에서는 여러 가지 불빛으로 야광시계가 아니어도 시간을 볼 수 있지만, 대부분의 군부대는 산 속에 있기 때문에, 야광이 아니면 시간 확인이 어렵다. 또한 방수가 되는 것이라야 좋다. 군에서는 시계를 착용하고 훈련, 작업, 축구와 같은 운동도 하고, 손을 씻거나 식기도 닦아야 하는 등 물에 손을 담글 때가 많다. 따라서 비싼 고급품의 시계보다도 야광기능과 방수가 되는 실용적인 제품이면 좋을 듯하다.

⑨ 휴대전화, 카메라 등은 반입금지 품목이다. 이러한 품목들은 자대에 가서도 사용하지 못한다. 신병훈련기간 중에는 담배도 피울 수 없다. 담배를 피우던 사람은 힘들겠지만, 담배를 끊을 수 있는 기회가 되기도 한다. 입대 후에는 신병교육훈련에 필요한 물품 이외에는 회수하여 집으로 보낸다. 필요할 것이라고 가져갔던 물품이라도 부대에서 허락된 것만 사용할 수 있다. 필요한 물품에 대한 판단은 신병교육훈련 지휘관이 하게 된다.

⑩ 입영은 지정된 보충대(102 및 306보충대), 육군훈련소, 향토사단

신병교육대로 한다. 보충대(102 및 306보충대)의 입영대상은 주로 현역병이다. 육군훈련소는 현역 및 모집병, 카투사, 전문연구요원, 의무 및 소방경찰, 공익(사회복무) 및 산업기능요원으로 다양하며, 향토사단의 입영 대상은 현역병, 상근예비역, 사회복무 및 산업기능요원이다.

⑪ 간혹 입영 장정의 가족들에게 각종 기관 직원임을 사칭하여 입영한 장정의 신상정보를 요구하는 사례도 있다고 한다. 군에서나 병무청에서는 별도로 입영 장정의 신상정보를 요구하지 않는다. 따라서 의심스러운 전화로 개인정보를 요구할 때는 알려주지 말아야 한다.

⑫ 안경은 휴대하고 가는 것이 좋다. 부대에서도 지급을 해 주기는 하지만, 새로 지급을 받으려면 일정기간의 시간이 필요하다. 렌즈는 착용하고 입대해도 된다. 세안제도 마찬가지다. 개인적으로 준비한 샴푸, 면도기 같은 것은 훈련소에서는 사용할 수 없다. 하지만 자대에서는 지휘관 승인을 받으면 사용할 수 있다.

5. 보충대 및 입소대대 생활

입영은 보충대, 육군훈련소 입소대대, 향토사단 신병교육대로 하게 된다. 이곳은 신병훈련을 받을 부대로 이동하기 전에, 신체검사나 주특기분류 등을 위해 3~4일간 대기하는 곳이다. 이 기간에는 입영자들을 '장정'이라고 부르며, 훈련소에 입소해야 '훈련병'이라는 명칭이 붙는다.

2011년부터 입영 현장인 보충대, 육군훈련소, 향토사단 신병교육대에서 '현역병 입영문화제'가 열리고 있다. 입영문화제는 입영 현장에서 병역의무를 이행하는 가족들의 마음을 안정시키기 위한 행사이다. 행사에는 문화예술 공연, 입영자와 가족들 간의 기념 촬영 및 편지쓰기, 병무홍보대사와의 대화시간 등을 갖는다.

입영 당일 날 입소시간은 오후 2시 정각까지이다. 그렇지만 최소한 1시간 정도는 일찍 도착하는 것이 좋다. 미리 도착해서 시간적 여유를 갖고, 준비할 것도 챙기고 마음의 안정을 취한 상태로 입영할 필요가 있다. 사정으로 인하여 제 시간에 입영하지 못했을 때는 당일 일과시간까지만 도착하면 된다. 그러나 늦게 도착한 사람은 다른 입영자들이 거친 과정을 짧은 시간에 마쳐야 하기 때문에 입영 첫 날부터 몸과 마음이 바빠진다. 입영장까지는 차량을 이용하여 들어갈 수 있으며, 주차공간도 충분하게 마련되어 있다.

보충대 또는 육군훈련소 입소대대에 들어가면, 텔레비전에서 보았던 군대의 모습이 눈에 들어온다. 커다란 연병장, 병영생활관, 그밖에 건물 등 모든 것이 낯선 시설이다. 머리를 짧게 깎은 많은 입영자들이 여기저기 보인다. 체격이 우람한 사람, 험상궂은 얼굴, 작지만 당당한 체격을 가진 사람, 가족들과 사진을 찍는 등 다양한 모습이다.

처음 신병교육대에 입소하면, 짧게 자른 머리와 어리둥절한 표정으로 서로 눈을 마주치는 것도 어색하다. 말 한마디 꺼내는 것도 긴장된다. 중·고등학교에 처음 입학했을 때와 같은 서먹함도 느낀다. 서로 경계하는 느낌도 드는데, 그 동안 막연하기만 했던 '군 입대에 대한 두려움이 현실로 다가왔다'는 생각 때문이다. 입영장은 가족과 친구들, 입영자들로 매우 어수선하고 시끄럽다.

어느 정도 시간이 흐르면 안내방송이 나온다. 소란스러웠던 분위기가 조용해지면서 영상물이 방영된다. 영상물은 '군 생활은 인생의 종합 대학이고, 훈련소 생활은 그 첫걸음이다. 군대는 인간적이고 상하존중의 선진 병영을 추구하고 있다'는 것이 주요 내용이다.

이 영상물은 사랑하는 사람의 군 입대로 마음이 예민해진 가족과 친구들에게 마음의 위안을 준다. 영상물이 끝나면 입영부대장의 인사말이 있다. 그 다음, "입영자들은 모두 연병장으로 모이십시오."라는 방송과 함께 한 곳으로 집합시킨다. 그리고 일렬로 서서 큰절 또는 경례를 하게 한다. 같이 온 가족 및 친구들과 헤어지는 시간인 것이다. 이 행사가 끝나면, 부대장들의 인솔로 부대 강당으로 이동하게 되면서 부모님과 친구들의 모습이 점점 멀어진다.

때로는 입영행사를 마치고 부대 밖에서 우는 아버지들도 있다. 다 키운 자식을 어디 두고 오는 것 같아 눈물을 흘리는 것이다. 아버지는 결코 자식에게 무관심 하지 않다. 아버지들이 무관심한 것처럼 보이는 것은 체면과 자존심 때문이라고 한다. 아버지의 마음은 가려져 있어 속이 잘 보이지도 않고, 겉으로는 표현도 잘 하지 않는다.

1) 입영 1일차

입영 행사가 끝나면, 입영자들은 인도인접을 한다. 인도인접은 병무청 직원과 부대 관계관이 입영한 사람들의 신원이 맞는지를 확인하는 것이다. 이때 필요한 것이 주민등록증(신분증)과 입영통지서다. 입대일자도 이 날을 기준으로 한다.

인도인접이 끝나면, 군의관과 의무병이 순회하면서 간단하게 신체검사를 한다. 결막염이나 옴 등 전염성이 있는 환자를 구별하여 귀가 조치시키기 위해서다. 간이 신체검사가 끝나고 나면 키, 가슴둘레, 허리둘레, 머리둘레 등을 측정한다. 훈련병들의 신체에 맞는 군복을 지급하기 위해서다.

군복은 보충대(육군훈련소 입소대대, 향토사단 신병교육대)에서 입영 당일 날 지급한다. 여기서 지급하는 옷의 종류에는 전투복, 야전상의 등 겉옷과 러닝, 팬티, 양말 등 속옷까지 포함된다. 군에서는 속옷도 종류별로 개인이 가지고 있어야 할 기준량이 있다. 군복을 받고 나면 집에서 입고 왔던 옷을 벗고, 속옷까지 모두 군용품으로 갈아입는다. 옷을 갈아입을 때, '드디어 군대에 들어왔구나.'라는 생각이 들게 된다.

그리고 입고 왔던 사복은 봉지에 넣어 포장을 한다. 그렇지만 이날 사복을 집으로 보내지는 않는다. 신체검사에서 불합격하여 귀가하는 사람이 생기면 다시 갈아입어야 하기 때문이다. 사복은 신병교육을 받는 부대로 이동한 뒤에 편지와 함께 집으로 보내게 된다.

이렇게 바쁜 일정을 보내고 나면, 저녁식사 시간이 된다. 첫날 식당에 들어갈 때는 오래도록 기억에 남는 냄새를 느끼게 된다. 지금까지 경험하지 못했던 뭐라고 표현하기 어려운 냄새이다. 이것이 선배들이 말하는 '군대 냄새'다. 식당은 생각했던 것보다 훨씬 크다는 느낌을 받는다. 밥을 배식할 수 있는 준비도 되어 있다. 그렇지만 입영 첫날 밥맛은 기억이 없을 정도로 잘 느끼지 못한다. 모든 것이 낯설고 정신이 없기 때문이다.

저녁식사 후에는 간단한 군법교육과 훈련병 기간 동안 주의사항 등을 교육한다. '병영생활지도 기록부' 작성요령에 대한 교육도 시킨다. '병영생활지도 기록부'란 개인의 신상에 관련된 내용을 기록하는 카드로써, 여기에는 개인 체형, 재학 중이거나 졸업한 학교, 가족관계 및 4~5장 분량의 개인성장 과정을 기록한다. 중학교나 고등학교에 처음 입학하면 기록하는 생활기록부와 비슷하다고 보면 된다. 하루일과가 끝나면 취침에 들어간다. 그러나 군 입대 첫날은 21개월의 시작이라는 마음에 잠도 오지 않는다.

2) 입영 2일차

기상 나팔소리에 눈을 떴는데, 집이 아니다. "우르르, 쿵~쾅" 침구정리, 복장을 착용하느라 시끄럽다. 잠시 뒤 "점호 집~합!"이라는 소리와 함께 밖으로 나가서 아침점호를 한다. 보충대에서의 생활은 아직 군 생활의 시작도 아니지만, 자유스런 생활을 하다가 군에 들어오니 통제도 많고 정해진 시간에 해야 할 일도 많다는 느낌을 받게 된다.

이렇게 시작된 입영 2일차에는 입영 신체검사를 받는다. 신체검사는 전문의 군의관에 의해 안과, 정형외과, 신경외과, 정신과, 피부 및 비뇨기과, 내과, 이비인후과, 치과 검사를 받는다. 신체검사에는 혈액검사도 포함되어 있는데, 이는 간염, AIDS, 매독환자 등 전염성 질환여부를 확인하기 위해서다. 건강이 좋지 않은 경우는 MRI, CT 촬영필름과 의사 진단서가 있으면 신체검사할 때 참고가 된다.

신체검사에서 불합격한 사람은 군 통합병원에서 정밀검사를 받게 된다. 정밀검사 결과 현역복무에 부적합하거나 질병 또는 심신장애로 15일 이내 치유가 어려울 때는 귀가 조치된다. 귀가

할 때는 귀가증명서를 교부하며, 치유기간을 진단서에 기록하여 관련 서류를 해당 지방병무청장에게 보낸다. 따라서 질병 또는 심신장애로 군 복무를 할 수 없는 사람은, 의료기관의 진단서를 첨부하여 입영일자를 연기하고 치료 후에 입영하는 것이 좋다.

치유 기간이 3개월 미만인 사람은 치유 기간이 경과한 뒤에 다시 입영하게 되지만, 치유 기간이 3개월 이상인 사람은 재신체검사를 실시하고 그 결과에 따라 병역처분을 받게 된다. 재신체검사에 대한 신체등위 판정은 이 책의 제1장 '징병검사와 입영일자 결정' 내용과 같다.

3) 입영 3일차

3일차에는 인성검사, 군사특기 분류를 실시하고 군번을 받는다. 특기분류를 위한 검사는 210여 개가 넘는 군사특기 중에서 개인의 적성과 능력에 가장 적합한 특기를 부여하기 위해서다. 검사는 표준화된 인성검사, 기술검사, 적성검사 및 면담을 실시한다.

인성검사는 입영자의 성격이나 정신이상이 있는지를 파악하기 위하여 다양한 검사를 하는데, 검사 결과에 이상이 있는 입영자는 정신과 전문의로부터 정밀검사를 받게 된다. 기술검사는 사회자격 및 면허증 소지자 등을 대상으로 기술 숙련도를 측정한다. 적성검사는 검사기관에서 하며, 면담과정에서는 개인의 잠재능력 및 소질을 확인한다.

각 검사과정별로는 정해진 기준에 의해 점수를 부여하며, 결과는 전산으로 자동 처리된다. 이 점수를 바탕으로 육군에서 필요한 특기 중 개인에게 가장 적합한 군사특기를 전산으로 분류하게 된다. 이와 같이 군사특기는 개인의 적성, 신체조건, 교육 및 사회전공, 사회경력, 자격 및 면허, 기술 정도 등을 고려하여 부여한다.

군사특기는 하나만 부여하며, 부여된 특기는 전역할 때까지 변경되지 않는 것이 원칙이다. 군사특기가 확정된 입영자는 군번을 부여하고, 입대 명령을 발령한다. 한 번 부여된 군번은 병적기록표에 기록되어 영구적으로 관리된다. 군대에서는 주민등록번호보다도 군번을 더 많이 사용한다.

4) 입영 4일차 및 자대분류

입영 4일차에는 부대를 분류하게 된다. 신병들의 부대분류는 부대별 전역자원 보충 등을 고려하여 매월 무작위로 전산 분류한다. 부대분류는 공정성을 기하기 위하여, 훈련병, 감찰, 헌병 등의 입회하에 실시된다. 부대분류에 걸리는 시간은 5분 정도다.

훈련병의 부대분류 결과는 ARS(1577-9600)와 인터넷으로 공개된다. 부모들은 부대분류 결과를 육군 홈페이지(www.army.mil.kr)에서 확인할 수 있고, 휴대전화 메시지로도 받아 보게 된다. 부대분류 시기는 입영부대에 따라 다른데, 다음의 5)~8)과 같다.

5) 육군훈련소 입소인원

육군훈련소로 입소한 사람들은 4일차에 육군훈련소 안에 있는 교육연대로 분류되며, 분류된 연대에서 5주간 신병훈련을 받게 된다. 신병교육연대로 분류된 결과는 입영일을 기준으로 다음 주 수요일에 인터넷으로 공개된다. 이때가 되어야 부모들은 교육연대 분류결과를 알 수 있다. 훈련소에서는 기본훈련을 마치는 5주차에 자대분류 또는 후반기교육을 받는 부대를 분류하게 된다.

6) 보충대(102, 306) 입소인원

보충대로 입영한 사람들은 입소한 주의 목요일 또는 금요일에 신병훈련을 받게 될 부대를 분류한다. 분류결과에 따라 금요일에는 신병훈련을 받게 될 사단으로 이동한다. 신병 기본훈련은 이동한 부대에서 5주간을 받는다. 그리고 기본훈련 마지막 주에는 자대 또는 후반기교육을 받는 부대로 분류를 한다.

보충대로 입소한 사람 중에는 '신병교육부대'와 '최종 전속부대'가 다른 경우가 있다. 여기서 '신병교육부대'는 신병훈련을 받는 부대를 말하고, '최종 전속부대'는 약 2년간 군 생활을 하게 될 자대를 의미한다.

7) 향토사단 신병교육대 입소인원

향토사단으로 입소한 인원은 다른 곳으로 이동하지 않고, 해당 사단에서 5주간의 신병 기본훈련을 받는다. 이곳으로 입소한 인원도 육군훈련소와 마찬가지로 기본훈련을 마치는 마지막 주에 자대로 분류되거나, 후반기교육을 받는 부대로 분류된다. 향토사단으로 입영했다고 해서, 모두 신병훈련을 받은 사단으로 전속되는 것은 아니다. 일부 인원은 전방이나 타 지역에 있는 부대로 전속되기도 한다.

8) 후반기교육을 받는 훈련병

신병 기본훈련 5주간을 마치고 후반기교육을 추가로 받는 특기병들이 있다. 이들은 신병수료식 면회가 끝나고 나면, 각 병과학교로 이동한다. 후반기교육은 주특기에 따라 교육기간이 1~6주로 각각 다르며, 자대분류는 후반기 교육 1~2주차 또는 마지막 주에 실시한다. 후반기교육을 마친 병사들은 군사령부 또는 사단 보충대를 경유하여 자대로 배치 받는다. 보충대에서 자대 배치까지는 보통 3~10일 정도 걸린다.

신병교육대 생활과 훈련

1. 훈련병에게 적용되는 제도

신병교육훈련은 민간인을 군인으로 만들기 위한 과정으로 일정부분 사회와의 단절이 필요하다. 사회와 단절을 시키는 이유는 병영생활에 빨리 적응하고 군인에게 필요한 내용을 숙달시키기 위함이다. 따라서 신병훈련부대에서는 자대와는 다르게 몇 가지 규칙을 정하여 운영한다.

1) 신병훈련기간에 적용되는 제도

훈련병 기간 중에는 전화사용, TV 시청, 매점(PX) 이용 등을 통제한다. 일반서적, 잡지 구독 및 흡연은 금지사항이다. 훈련병들은 신병교육기간 동안 TV를 시청하지 못하기 때문에 세상소식에도 어둡다. 세상이 어떻게 돌아가는지 관심가질 여유도 없다.

PX 이용도 처음 1주일간은 통제한다. 2주차부터는 자유시간에 일정 범위 안에서 이용을 할 수 있다. 신병훈련 2주차부터는 일정 점수 이상의 상점을 받으면, 포상전화를 할 수 있다. 그 외에는 특별한 경우 지휘관이 필요에 의해 허락할 수 있다.

군에 입대하고 나면 단체생활이나 소총, 군용물자, 군대용어, 군인기본자세 등 하나도 익숙한 것이 없다. 이런 것들을 몸에 익히고 숙달하려면 바쁠 수밖에 없다. 이와 같이 훈련병 생활은 통제도 많고 바쁘게 돌아간다. 훈련병들을 정신없이 바쁘게 하는 이유 중의 하나는 잡생각을 없애기 위한 것이기도 하다. 시간적 여유가 생기면 생각이 많아지게 마련이다. 훈련병 생활은 고되고 힘들기 때문에, 시간적 여유가 많으면 훈련소에서 벗어나고 싶은 생각을 하게 된다. 훈련에 도움이 되지 않는 것이다. 3~4주차 정도가 되어야 훈련병들은 어느 정도 마음의 여유가 생긴다.

훈련병 기간에는 자율성과 책임감을 배양하기 위해서 자치근무제도를 운영한다. 자치근무제도란 훈련병 중에서 중대장 또는 소대장 훈련병을 정하여 자율적으로 병력을 통제하는 것을 말한다. 자치근무자의 역할은 점호, 학과출장 및 복귀할 때 인솔 등 학교에서 반장의 역할과 비슷하다고 보면 된다. 또한, 분대원들의 애로사항을 확인하여 조교 분대장에게 건의하고, 일일회의 결과에 대하여 분대원들에게 필요한 내용을 전달하는 역할도 한다.

신병교육훈련 기간에는 교육훈련에 대한 자발적이고 능동적인 참여의식과 훈련군기를 확립하기 위하여 상·벌점 제도를 운영한다. 상점제도가 주는 의미는 매우 크다. 축적된 상점은 훈련병 기간에 포상전화를 할 수 있는 기회를 주며, 수료식 때 우수 훈련병 선발에 반영된다. 우수훈련병으로 선발되면 수료식 때 표창을 받게 되는데, 이 표창은 자대에서 포상휴가와 연결된다. 또한 우수분대에게는 중대장 표창을 수여하며, 분대원 전원이 주말에 포상전화 및 PX를 이용할 수 있다.

상·벌점은 분대장급 이상의 조교나 교관의 건의에 의해 중대장이 승인한 뒤에 확정된다. 상·벌점 현황은 생활관별로 게시한다. 상·벌점은 주간단위로 상쇄하며, 이를 종합하여 상과 벌을 주게 된다. 반면 벌점이 누적된 훈련병은 얼차려 교육을 받는다. 기타 범법행위, 교관 및 분대장 지시에 고의로 외면하거나 반응하지 않는 행위, 고의로 훈련을 거부하는 행위, 담배 반입 및 흡연자는 징계위원회에 회부된다.

2) 신병교육대의 하루일과

신병교육대의 하루일과는 아침 기상으로부터 시작된다. 기상시간이 되면, 조교분대장의 "기상!"이라는 구령이 복도에서 시끄럽게 울린다. 훈련병들은 피곤하기는 하지만 "기상!"이라는 소리에 벌떡 일어난다. 기상 후에는 군복을 착용하고, 침상 위에서 스트레칭을 한다. 스트레칭을 하는 이유는 갑작스런 활동으로 다치는 것을 방지하기 위해서다. 그 다음은 침구를 정리한다. 모포는 깔끔하게 접어서 각이 보이도록 정리를 해야 하지만, 훈련병들은 아직 손에 익지 않아서 모포 각이 제대로 잡히지 않는다.

"점호집합 1분 전!"이라는 조교의 통제에 따라 중대 생활관 앞에 집합한다. 훈련병의 하루는 이렇게 시작된다. 이와 같이 군대에서는 기상 후에 15분 동안 해야 할 일들이 많다. 그래서 나태한 생활을 하다가 입대한 훈련병들은 초기에 많은 어려움을 겪게 된다.

"열~중 쉬어! 부~대 차렷! 뒤~로 돌아!" 아침점호를 하기 전에는 구령조정을 한다. 잠도 깨고 잠긴 목소리를 가다듬기 위함이다. 점호는 애국가 제창으로부터 육군복무신조 제창, 조국기도문 낭독, 지시사항 전달, 체력단련 순으로 이어진다. 학교에서 하는 아침조회와 비슷하다고 보면 된다. 아침 체력단련은 1.5km 뜀걸음을 한다. 뜀걸음은 주 단위별로 강도를 조절한다. 처음 1주차는 뜀걸음 속도가 빠르지 않지만, 낙오하는 훈련병들도 있다. 그러나 시간이 지날수록 낙오자는 점점 줄어들며, 기본교육을 마치는 5주차가 되면 이를 찾아보기 어렵다.

점호가 끝나면, 세면과 양치질, 화장실을 이용한다. 간혹 시간이 없어서 세면이나 양치질을 하지 않는 훈련병도 있는데, 이는 벌점부여 대상자다. 또한, 많은 훈련병들이 입대하고 나면 변비에 걸린다고 한다. 낯선 환경, 훈련에 대한 불안감뿐만 아니라 시간에 쫓겨 해결할 수 있는 마음의 여유가 없기 때문이다. 그러나 이것도 시간이 지나고 적응되면 해결된다. 세면이 끝나면 생활관 청소를 한다. 청소는 모포의 각을 잡고, 바닥을 쓸고 닦는다. 청소를 깨끗하게 하지 않으면 벌점을 받을 수 있다. 이와 같이 훈련병 시절에는 모든 것이 시간과의 전쟁이다.

신병교육대에서는 군인으로서의 기본자세를 정립시킬 뿐만 아니라 모든 활동에 있어서 군대예절을 지키도록 습성화 시킨다. 집합을 할 때는 관등성명 복창, 경례 및 제식동작, 군가 등을 연습한다. 일상에서 군인기본자세가 습성화 되도록 하기 위함이다. 이동을 할 때는 항상 건제단위(소대 및 분대 편성이 된 순번에 의한 활동)로 이동한다. 모든 일상생활에서는 벌점과 상점이 주어진다. 집합이나 이동 군기가 불량한 분대에는 벌점을, 우수한 분대에는 상점을 부여한다.

식사시간은 보통 20~30분이다. 식사를 시작하기 전에 선임훈련병에 의해 "식사에 대한 감사의 묵념" 및 기도문을 낭독한다. 기도문이 끝나면 훈련병들은 일제히 "감사히 먹겠습니다."라는 말과 함께 식사를 시작한다. 식사가 끝나갈 무렵에는 "식사 끝, 3분 전"이라고 예비 명령으로 통제한다. 그렇지만, 식사를 빨리하도록 재촉하지 않아 먹는 시간은 충분하다.

훈련병 기간에는 음식이 입에 맞지 않는다고 굶는 사람은 없다. 우유를 못 먹는다고 걱정할 것도 없다. 편식이라는 말은 신병교육대에서 사치일 뿐이다. 훈련받느라 체력소모가 많기 때문에 무슨 음식이든 잘 먹는다. 식사를 마치면 식기는 개인별로 씻는다. 식기 세척이 끝나면, 분대별로 이동을 위해 식당 앞에서 분대원 모두가 도착할 때까지 기다린다. 이러한 단체행동은 자대에 가서도 마찬가지다. 신병교육대에서는 "식사 집합 5분 전", "학과출장 5분 전", "체력단련 집합 5분 전" 등 모든 것이 조교의 통제 하에 이루어진다.

식사를 마치고 생활관에 복귀하면 학과출장 준비를 한다. 학과출장 준비시간에는 준비해야 할 것들이 많다. 여름철에는 수통에 물을 채워서 갈증에 대비한다. 겨울철에는 장갑, 목도리, 귀마개, 전투화 상태 등을 확인하여 동상에 걸리지 않도록 준비한다. 교육에 필요한 각종 교육보조재료 등도 준비한다. 야외훈련을 하는 날에는 교육 장소까지 거리가 많이 떨어져 있어, 학과출장 시간이 부족한 경우가 많다. 이럴 때는 학과시간을 맞추기 위해서 아침점호 후에 뜀걸음을 생략하기도 하고, 아침식사 시간도 앞당긴다.

오전 교육은 4교시로 이루어진다. 날씨에 따라 교육 과목이 바뀌는 경우도 있지만, 교육일정표대로 계획되어 있는 교육은 모두 실시한다. 오전 교육을 마치면 점심시간이다. 점심은 영내훈련을 할 때는 영내 병영식당에서, 야외훈련을 할 때는 야외 훈련장에서 식사를 하게 된다.

오후 교육은 식곤증으로 졸음과의 전쟁을 벌인다. 잠을 깨기 위해 노력하는 훈련병들을 종종 볼 수 있다. 특히 봄철에는 더하다. 훈련 받느라 피로가 누적되었기 때문이다. 따라서 오후 교육은 강의식 교육보다는 실습형 교육 위주로 편성을 한다. 특별할 것도 없는데, 오후 교육을 마치는 시간은 항상 기다려진다. 아마도 힘든 신병훈련이 빨리 끝나기를 기다리는 마음이 크기 때문인 것 같다. 때로는 오후 교육을 마치면 부담스러운 날이 있다. 체력단련 시간이 기다리고 있기 때문이다. 뜀걸음인 급속행군을 하는 날은 더욱 그렇다.

석식 후에는 개인정비 및 자유시간이다. 개인정비 시간에는 총기 손질, 개인 물품 정리 및 세탁을 한다. 훈련병 때는 힘들고 귀찮은 관계로 빨래를 하지 않고 속옷이나 양말을 몰래 보관하기도 하는데, 이런 때는 벌점을 받게 된다. 개인정비를 마치면 자유시간이지만, 누워서 잠을 잘 수 있는 것은 아니다. 이 시간에는 주로 훈련과 관련된 참고자료로 자습을 하거나 편지를 쓴다.

취침 전에는 수양록을 작성한다. 수양록은 군대 내에서 쓰는 일기로 생각하면 된다. 수양록은 나중에 자신의 군 생활과 추억을 되돌아 볼 수 있는 소중한 기록이 될 것이기 때문에, 아무리 바쁜 훈련병 기간이라도 잘 작성할 필요가 있다. 수양록 작성이 끝나면 전투화, 소총 및 장비를 손질하고 생활관 청소 등 점호 준비를 한다. 잠자기 전에 정리정돈을 하는 것이다.

저녁점호는 아침점호와 약간 다르다. 저녁 점호시간에는 인원, 건강상태, 개인위생, 장비 및 물자상태, 생활관 청소상태를 점검한다. 개인위생 점검은 손, 발, 손톱 및 발톱, 속옷의 청결상태 등을 확인한다. 이렇게 확인하는 이유는 훈련병들이 시간이 모자라 개인위생을 소홀히 하는 것을 방지하기 위해서다. 장비 및 물자점검은 총기 수량과 손질상태, 전투화나 훈련물자의 청결상태를 확인한다. 점검결과에 따라 개인별 또는 분대별 상점이나 벌점을 부여하기도 한다.

저녁점호가 끝나면, 방송으로 취침나팔이 흘러나온다. 하루가 마무리 되면서 모든 생활관의 불이 꺼진다. 훈련병의 하루는 이렇게 꽉 짜인 일과로 바쁘게 지나간다. 이와 같이 매일 정신없이 보내는 신병교육대에서는 잡생각도 집에 대한 생각도 잘 나지 않는다. 이때쯤 되면 군대 오기 전의 가졌던 두려움은 없어진다. 그럴만한 시간적 여유가 없을 뿐만 아니라, 이제 군대라는 것을 조금은 알기 때문이다.

취침 후 5분간은 명상의 시간이다. 이 시간에는 조국, 가족, 전우의 소중함, 책임과 사명감의 중요성, 공동체 의식 등의 주제에 관한 내용을 방송한다. 취침 후 조금만 지나면 코고는 소리, 잠꼬대 소리가 여기저기서 들린다. 훈련병 기간에 잠꼬대는 박자를 맞추어 하는 경우도 있다. 어디선가 훈련병이 "목소리가 작다. 더 크게 할 수 있나?" 그러자 "넷! A훈련병, 크게 할 수 있습니다. 하나! 둘!" 그 옆에서는 "충성! 열심히 하겠습니다. 지켜봐 주십시오." 이와 같이 잠을 자면서도 군기가 들어 있는 곳이 신병교육대인 것이다.

불침번(생활관 내 보초) 근무가 편성된 시간에는 천근같이 느껴지는 눈꺼풀을 들어 올리며 일어나야 한다. 불침번은 일석점호 직후부터 다음 날 기상할 때까지 당직사관의 지시를 받아 각 생활관에서 일정시간 동안 근무를 하는 사람을 말한다. 불침번 임무는 생활관의 출입자 감시, 화재 및 도난예방, 환자파악 등이다. 불침번 근무시간은 바쁜 훈련병 기간 중에 여러 가지 생각을 할 수 있는 유일한 시간이다.

집에서의 생활이 편했다는 생각도, 부모님께 죄송하고도 고맙다는 생각도 든다. 입대 전 말썽 피웠던 것, 동생에게 잘못해 준 것 등 많은 생각이 영화필름처럼 지나간다. 이러한 과정이 반복되면서 대부분의 훈련병들이 부모님에 대한 고마움을 느끼기 시작한다. 세상 돌아가는 것도 궁금하다. 뉴스도 보고 싶다. 불침번 근무를 설 때는 배도 고프다. 종교행사 때 먹었던 초코파이, 입대 전에 먹었던 바싹 튀긴 통닭도 생각난다. 이런 저런 생각을 하다보면 어느새 교대시간이다. 많았던 생각들도 불침번이 끝나고 생활관에 복귀하면 언제 그랬냐는 듯이 사라진다.

　신병교육대는 주 5일제를 적용하지 않아, 토요일에도 훈련이나 훈련 후 정비시간을 갖는다. 일요일에는 종교별로 종교행사에 참석하고, 나머지는 자유시간과 정비시간을 갖는다. 종교행사는 영내에 있는 교회, 성당, 법당에 본인이 희망하는 종파로 간다. 가끔은 종교행사장에서 '어버이날 노래'를 부를 때도 있는데, 이때 훈련병의 눈에서는 눈물이 뚝뚝 떨어진다.

　종교행사를 마치고 나면, 종교시설 내에서 자유시간이 주어진다. 종교행사 시간은 유일하게 조교의 통제가 없는 가장 자유스런 시간이다. 맛있는 간식을 먹을 수도 있다. 간식으로는 보통 초코파이와 음료수를 준다. 초코파이. 정말로 군대에서 가장 맛있는 음식 중의 하나라는 생각을 하게 될 것이다. 이때 먹었던 초코파이는 전역한 뒤에도 그 맛을 잊을 수 없다고 한다.

　자유시간에는 국방일보 구독, 독서, 편지쓰기, 체육활동, 교육용 영화도 본다. 그렇지만 이 시간에도 취침뿐만 아니라 눕거나 벽에 기대는 자세를 취하지 못한다. 훈련병 시절에는 잠이 부족하기 때문에 틈만 있으면 잠을 자려고 하는데, 이 또한 지적을 받으면 벌점의 대상이 된다. 정비시간에는 목욕 및 개인 속옷, 훈련복 등을 세탁한다. 신병교육대에서는 훈련기간 중 휴일이라도 면회가 되지 않는다. 외부인과의 접촉은 훈련병에게 도움이 되지 않기 때문이다.

훈련병 기간에는 보통 주 1회 이상 편지를 쓸 수 있는 시간이 주어진다. 사회에 있을 때는 휴대전화 문자나 채팅 등을 주로 사용하여 편지를 쓸 일이 거의 없었다. 그러나 이런 사람들도 군에 들어오면 편지를 쓸 줄 아는 사람으로 바뀐다.

밖에서는 편지를 쓰려고 해도 한 장도 채우기 힘들었는데, 군대 와서 쓰는 편지는 펜만 잡으면 줄줄 써내려 간다. 외부와 단절된 상태에서 쓰는 편지라 색다르기도 하다. 편지를 쓰다 보면 부모님에 대한 고마움을 느끼게 된다.

인터넷 편지는 보통 하루에 2번 정도 출력하여 본인에게 전해준다. 평일에는 오전 훈련 나가기 전에 전달하고, 오후에는 훈련을 마친 다음 전달한다. 야간교육이 있는 날은 다음날 오전에 전달된다.

신병교육대에서의 편지는 훈련병들의 힘든 마음을 녹여준다. 훈련병들에게 편지를 나눠주는 시간은 그야말로 초조한 추첨시간과도 같다. "160번 백두산, 165번 한라산, 167번 지리산" 조교 손에서 편지가 줄어들어 갈수록 실망감은 커지기 시작하고, 뭔가 모를 외로움을 느끼게 된다.

다행히 편지가 도착했다는 소리를 들으면, 안도하는 마음으로 받아 든다. 편지를 받고 내용을 읽다 보면 눈시울이 붉어진다. 온통 자식을 걱정하는 내용이다. 눈물을 흘리지 않으려고 해도 쉽지 않다. 훌쩍이는 훈련병, 닭똥 같은 눈물을 흘리는 훈련병도 있다.

군 생활하면서 외롭거나 힘들 때, 가장 힘이 되는 것 중의 하나가 편지일 것이다. 우체국은 없어지면 안 되는 존재라는 것도 알게 된다. 하루에도 몇 번씩 편지를 보낸 날짜를 떠올리고, 상대방이 답장을 보냈을 거라 예상하는 날짜를 계산하면서 편지를 기다리기도 한다. 사랑하는 사람의 편지 한 통이면 힘든 것도 어려운 것도 모두 참아낼 수 있다.

편지는 가족에 대한 소중함을 느끼게 하며, 나의 존재를 잊지 않고 보내주는 친구들의 편지는 힘든 훈련을 이겨낼 수 있는 원동력이 된다. 특히 첫 편지를 받을 때의 그 기분은 뭐라고 표현할 수 없을 정도로 뭉클하다.

이와 같이 편지는 군인에게 있어서 식량과도 같은 존재이기에, 군인은 편지를 먹고 산다고 해도 과언이 아니다. 따라서 입대 전에 친구나 친지들로부터 편지를 많이 받을 수 있도록 부탁해 놓으면 힘든 훈련소 생활에 큰 도움이 된다.

신병교육대에서 포상전화는 일정 점수 이상의 상점을 받거나 자치근무제도의 부여된 임무를 잘 수행한 훈련병에게 기회가 주어진다. 그러나 신병교육대에서는 한 번에 개인당 3분 정도 전화를 통화할 수 있도록 한다. 통화시간을 매우 짧게 주는 것이다. 이렇게 하는 이유는 주어진 시간 내에서 임무 완수하는 것을 평상시부터 습성화시키기 위한 훈련의 일환이다.

예를 들어, 이용할 수 있는 공중 전화기가 3대이고, 포상전화를 해야 할 훈련병이 50명이라고 하자. 이럴 경우 1시간 이내에 50명 모두가 전화를 하려면, 전화기 1대당 16~17명이 사용해야 한다. 짧은 시간에 필요한 사람에게 전화를 하려면 시간을 잘 배분하여야 한다. 게다가 조교가 전화기 옆에서 지키고 있다. 보안에 위배되는 내용을 통화하는지 확인하기 위해서다. 그리고 정확하게 3분이 지나면, 전화기 사용도 통제한다. 이렇게 많은 훈련병들이 1시간 이내에 전화를 모두 사용해야 하기 때문에, 앞에 있는 전우가 시간을 끌면 뒤에 있는 훈련병들의 전화시간은 적어 질 수 있다. 다른 전우에게 피해를 주는 것이다.

항상 생명과 관련된 임무를 수행하는 군 조직에서는 한 명의 잘못으로 인해 여러 사람이 피해를 받을 수 있다. 전장에서는 한 사람의 행동이 여러 전우의 목숨을 좌우할 수 있음을 교육하는 것이다.

전장 상황에서는 언제 어디서 적이 나타날지 모르는 상황이기 때문에 밥 먹을 시간도, 씻을 시간도, 먹을 것도 충분하지 않다. 따라서 내가 하고 싶은 대로 하기가 어렵다. 60분 내에 16명이 전화를 사용하도록 하는 것도, 이러한 훈련의 한 과정이라고 보면 된다. 군대 간 사람이라면 누구나 다 겪는 과정이다. 불합리하다고 생각할 수도 있다. 그러나 전장에서는 합리만을 고집할 수 없다. 전투 중에 식사시간 됐다고 "밥은 먹고 싸우자."고 적에게 말할 수 없는 것과 마찬가지다.

이렇게 통화시간이 짧게 주어지다 보니, 훈련병들은 필요한 말만 할 수밖에 없다. 신호음 가는 시간도 아깝다. 1~2분의 시간이 엄청 빨리 지나간다. 전화를 통하여 시간에 대한 소중함과 중요성도 알게 된다. 이와 같이 짧게 주어진 시간에 통화하는 내용은 평소와는 다른 의미를 갖는다.

평상시 살면서 "잘 지내느냐, 밥 잘 먹어라, 건강해야 한다."라는 말은 큰 의미 없이 들렸었다. 젊은 나이에는 더욱 그렇다. 그러나 훈련소에서 전화로 듣는 이 말은 정말로 따뜻하게 느껴진다고 한다. 같은 말이라도 마음속에 깊이 와 닿는 것이다. 군대에 가서 2~3주라는 시간이 지났을 뿐인데, 훈련병들은 부모님께 "건강하세요!"라는 말을 가장 하고 싶다고 한다.

누구나 마찬가지겠지만, 본인이 가지고 있거나 누리고 있으면 그것이 얼마나 중요한 것인지를 잘 모르는 경우가 많다. 훈련병 시절 고된 훈련을 받다 보면 부모님에 대한 감사와 친구들에 대한 고마움을 절로 느끼게 된다.

2. 군인을 만드는 신병훈련

　보충대나 입소대대에서 사단 신병교육대 또는 육군훈련소의 교육연대에 도착하면, 가장 먼저 중대, 소대 및 분대를 편성한다. 소대는 일반적으로 신장을 기준으로 편성하며 키 순서에 의해 훈련병 번호를 부여한다. 훈련병 번호는 훈련병에 대한 통제 및 관리를 쉽게 하기 위해 부여하는 번호이다.

　훈련병 번호가 정해지고 나면, 그 다음부터는 훈련병들을 번호로 부른다. 조교나 교관이 "120번 훈련병!"이라고 부르면, "네! 120번 훈련병 홍~길~동!"과 같이 우렁찬 목소리로 대답을 한다. 처음에는 어설프고 낯설지만, 이 또한 수많은 반복의 과정을 거치면서 곧 익숙해지게 된다.

　신병교육훈련은 이론 교육보다는 실기 및 행동화 위주의 훈련을 한다. 훈련은 체력을 고려하여 주차별로 훈련강도를 높여 나간다. 사람마다 다르겠지만 신병교육대 훈련은 힘든 것이 사실

이다. 특히 화생방훈련, 각개전투, 사격술예비훈련, 야간행군이
그렇다. 신병들이 받는 주요 교육훈련 다음과 같다.

1) 입소식 및 제식훈련, 도수체조

군대는 모든 것을 신고로 시작해서 신고로 끝낸다. 신병훈련도
입소식으로부터 시작된다. 입소식이 끝나면, 가장 먼저 제식훈련
을 한다. 제식훈련은 군인으로서 갖추어야 할 각종 군인의 자세
를 훈련시키는 것이다. 관등 성명, 경례요령 등의 군대예절과 여
러 가지 보행요령, 각종 대형을 갖추는 방법 등을 교육받는다.
기본 제식훈련은 '차렷! 열중 쉬어! 좌향~ 좌!' 등 학교에서 배운
것과 크게 다르지 않다. 집총 제식훈련은 총을 휴대한 상태에서
제식훈련을 하는 것이다. '받들어 총!, 세워 총!, 앞에 총!, 우로 어
깨 걸어 총!' 등 총을 이용하여 다양한 제식동작을 배운다. 군인은
항상 총과 함께 생활하는 만큼 집총제식은 군 생활 내내 활용되
는 동작이다. 도수체조는 군대에서 하는 맨손 체조다. 학교에서
배운 국민체조와 비슷하지만, 체조동작이 같은 것은 아니다. 자
대에 가서도 도수체조는 매일 아침 점호 후에 한다.

70

2) 총검술

총검술은 말 그대로 총 끝에 칼을 꽂아서 적을 무찌르는 기술이다. 총검술은 적과 너무 가까운 거리에 있어 총을 쏠 수 없을 때 사용한다. 이 기술에는 '막고, 차고, 찔러 쳐!', '길게 찔러!' 등 16개 동작이 있다. 이 훈련은 동작이 어렵다기보다는 동작을 취하는 유형이 많아서 몸에 익히는 데 시간이 많이 걸린다.

특히 겨울철에는 옷을 두껍게 입고 3kg이 넘는 총을 들고 훈련하려니 동작이 둔할 수밖에 없다. 그러나 이 동작을 절도 있게 하게 되면 매우 멋있다. 한 동작 한 동작에 총과 몸의 반동을 이용하면 움직일 때마다 '철컥! 철컥!' 소리를 내어 로봇과 같은 느낌이 든다. 반대로 동작에 절도가 없으면, 군인으로서의 멋을 찾기가 힘들다. 힘든 훈련인 만큼 숙달되면 전투현장에서 긴급할 때 사용할 수 있는 기술이다.

조교들은 훈련병들이 민간인에서 군인으로 다시 태어나는 몇 주를 위해 엄청난 땀과 눈물을 흘린다. 모든 훈련에서 조교들은 훈련 전에 훈련병들에게 시범을 보인다. 시범은 교범에 나와 있는 내용을 행동으로 보이는 것이다. 조교가 총검술 시범을 보이고 나면 훈련병들의 감탄과 탄성이 터져 나온다. 조교들은 이러한 시범을 보이기 위해 밤늦게까지 팔에 멍이 들도록 연습을 한다. 수많은 반복과 노력의 결과다.

여름철에는 조교들도 땀을 비 오듯이 흘린다. 아무리 힘들고 짜증나도 조교라는 자부심이 있기 때문에, 훈련병 앞에서는 태연하고 당당한 모습을 보인다. 훈련병들은 조금이라도 편하게 훈련을 받고 싶기에 동작이 늘어지기도 하는데, 이럴 때 간혹 조교들은 흐트러지는 훈련병들에게 "너네! 나보다 힘들어? 내가 너네보다 더 힘들어~. 서로 짜증나지 않게, 할 때 제대로 하고 쉬자."란 말을 하기도 한다.

신병훈련 기간에는 조교들의 통제가 끊임없이 이어진다. 기상할 때도, 화장실에 갈 때도, 훈련 중에도, 개인정비 시간에도 조교들의 잔소리는 끊이지 않는다. 듣기 싫을 정도이다. 훈련소에서는 조교가 무섭다는 것을 피부로 느끼며, 사람이 아니라는 생각이 든다. 그러나 4~5주차 정도가 되면 그 무서웠던 조교들도 사람임을 느끼게 된다. 조교들은 훈련병들이 민간인에서 군인으로 바뀌어 가는 모습에 보람을 느낀다고 한다. 이때가 되면 훈련병들과 정도 들며, 자신의 제자라는 생각에 농담도 하고 자대생활에 대한 조언을 해주기도 한다.

3) 사격술 예비훈련과 사격훈련

사격술 예비훈련(PRI : Preliminary Rifle Instruction)은 표적을 정확히 명중시키기 위하여 사격술을 숙달하는 훈련이다. 군인들은 사격술 예비훈련을 'PRI'라고 부르는데, 이 훈련은 피(P)가 나고, 알(R)이 배기고, 이(I)가 갈리는 훈련으로 유명하다. 그만큼 훈련이 힘들다는 이야기다.

사격술 예비훈련이 피가 나고, 알이 배고, 이가 갈리는 훈련으로 불리는 이유는 정확하게 사격할 수 있는 동작을 반복하여 숙달이 될 때까지 하는 연습이 힘들기 때문이다. 이 동작은 총을 들고 달리기 출발자세와 비슷하게 몸을 반쯤 앞으로 구부린 다음, 신속하게 2~3m 전진하여 '엎드려 쏴' 사격자세를 취하는 것이다. 총을 쏜 후에는 다시 일어나서 처음 위치로 되돌아온다. 이렇게 자세를 여러 번 반복하다 보면 팔꿈치에 상처가 날 정도로 아프다.

이 동작을 많이 하면 전신운동이 되어 팔에는 알이 배긴다. 20회만 연속적으로 연습해도 몸이 뻐근할 정도가 된다. 과거에는 이 동작을 쉬지 않고 연습시키곤 해서 이가 갈린다고 했다. 50회 정도 쉬지 않고 반복하면 녹초가 된다. 이 정도면 훈련이 아니라 얼차려에 가깝다. 맨몸으로 하는 것이 아니라 3kg이 넘는 총을 들고 하기 때문에 더욱 힘들다. 체력의 한계를 느낄 수밖에 없다. 그래서 군에서는 "사격훈련은 PRI만 없어도 할 만하다."라는 말이 있을 정도다.

전역한 사람들은 '사격'이라는 말을 들었을 때, PRI를 했던 기억을 가장 먼저 떠올리는 경우가 많다. 이가 갈렸던 기억 때문이다. 요즘에는 일정 횟수를 연습하고, 휴식을 하도록 통제를 한다. 얼차려가 아닌 사격술 예비훈련을 시키는 것이다. 신병 때는 이 훈련을 하는 이유를 잘 모르지만, 자대에 가게 되면 왜 사격자세를 반복해서 연습하는지 알게 된다.

4) 사격훈련

사격은 영점사격과 기록사격으로 구분된다. 영점사격은 사수의 신체조건에 맞게 총의 조준점을 맞추기 위한 사격이다. 사람마다 사격할 때 총을 조준하는 눈의 위치나 기준점에 미세한 차이가 있는데, 영점사격을 통하여 사수와 총이 잘 맞도록 조정을 하는 것이다. 기록사격은 자동화된 사격장에서 실시한다. 자동화 사격장은 표적이 올라왔다가 5~10초가 지나면 자동적으로 내려간다. 총알이 표적에 명중하면 표적은 뒤로 넘어 가며, 점수는 자동적으로 계산된다. 기록사격에서 특등 사수는 사격한 총 발수 중 90% 이상을 표적에 맞춘 사수를 말한다. 자대에서 특등 사수는 보통 포상휴가 또는 외박의 특전이 주어지기도 한다.

사격장에서의 사고는 바로 생명과 직결되기 때문에, 사격장 군기는 매우 세다. 또한, 군에서는 사격장뿐만 아니라 어디에서도 총으로 장난을 하거나, 총알이 없는 빈총으로도 전우를 향하여 겨누지 못하게 한다. 총에는 실탄을 장전하였다가 해제하는 경우가 많기 때문에 사격 및 경계근무 복귀 후에는 안전검사를 몇 번씩 한다. 하지만, 실수로 총에 총알이 장전되어 있는 경우도 있을 수 있다. 이런 경우 총으로 장난을 치다간 큰 사고로 이어질 수 있기 때문이다.

화생방 교육 때는 방독면을 사용하는 요령과 해독제 사용법을 가르치고, 각종 보호용구 착용 실습과 가스 실습실에서 방독면 성능시험 등을 한다.

방독면은 얼굴부위에 완전하게 밀착되어야 호흡할 때 외부 공기가 들어오지 않는다. 방독면 결합을 잘못하고 가스 실습실에 들어가면 괴로운 경험을 하게 된다.

가스 실습훈련을 하는 이유는 방독면의 소중함과 성능을 알게 하고, 상황이 발생했을 때 호흡을 멈추고 신속하게 착용해야 함을 일깨워주기 위해서다. 군에서 사용하는 실습용 가스는 최루가스이다.

가스 실습실에는 방독면을 쓰고 들어간다. 실습실에 들어가기 전에는 '그까짓 것, 잠깐만 참으면 된다'는 생각을 하게 된다. 그러나 실습실에서는 팔 벌려 높이뛰기 등의 격한 운동을 시켜 호흡이 가빠지도록 만든다. 방독면을 착용하고 있어 가스는 들어오지 않는다. 신기하게도 호흡만 가쁘지 아무렇지도 않다.

이런 생각도 잠시, "방독면을 벗는다. 실시!"라는 조교의 지시가 떨어진다. 방독면을 벗고 호흡을 참아보지만 그것도 잠깐이다. 조교가 구령 연습을 시킨다. 구령소리가 작으면 실습실에 머무는 시간은 더 연장된다. 이때쯤 되면 훈련병들은 너나 할 것 없이 가스를 마시게 된다. 순간 눈이 따가워 지고, 가슴이 터질 것 같은 느낌이 온다. 죽을 것 같고 빨리 실습실 밖으로 나가고 싶은 생각뿐이다.

잠시 후 가스 실습실 문이 열리고 훈련병들은 거의 녹초가 되어 나온다. 바람이 부는 방향을 향해서 몸을 털고 난리도 아니다. 눈물, 콧물, 침 등 나올 수 있는 것은 다 나온다. 얼굴은 온통 따갑다. 새삼 공기의 소중함을 느끼는 순간이다. 그동안 당연하다고 생각했던 것들이 소중하다는 생각을 하게 된다.

이런 과정을 거치면서 훈련병들은 화생방 훈련이 기억에 오래오래 남게 된다. 화생방 훈련을 앞두고 불안에 휩싸인 서로의 얼굴 표정은 전역하고 나서도 쉽게 잊히지 않는다. 화생방 훈련은 자주 하고 싶지 않은 훈련으로도 기억된다. 자대에서도 훈련을 할 때 가스 실습을 하게 되는데, 이 실습은 언제 하더라도 찜찜하다. 여러 번 한다고 해서 적응되는 것도 아니기 때문이다.

6) 각개전투

각개전투는 개인이 전투현장에서 각종 전투상황에 대응하는 방법을 훈련시키는 것으로, 분대단위로 조를 편성하여 분대장의 명령 하에 가상전투를 하는 것이다. 주로 주간 및 야간에 은폐요령(몸을 숨기는 훈련), 위장요령(주변상황과 비슷하게 만들어 적으로부터 잘 발견되지 않도록 하는 것), 이동요령(낮은 포복, 높은 포복, 응용 포복 등), 여러 가지 지형을 이용하는 방법, 장애물을 극복하는 방법 등이다.

이와 같이 각개전투는 영화에서 봤던 군인들의 전술적인 행동을 훈련하는 과목이다. 예를 들면, 나무를 이용하여 내 몸은 숨기면서 사격하는 요령, 철조망 통과 및 포복으로 이동하는 요령 등 다양한 상황을 극복하면서 목표를 탈취하는 개인전투요령들이 종합되어 있는 훈련이다.

훈련장은 부대와 떨어져 있는 야산에 주로 있다. 한참을 걸은 뒤 훈련장에 도착하면 가장 먼저 안면 위장을 한다. 위장은 위장용 크림으로 한다. 훈련병들은 위장크림을 사용해 본 경험이 없어 얼굴에 대충 떡칠을 하지만, 그중에는 TV에서 보던 얼룩무늬 줄 형태로 얼굴위장을 하는 훈련병도 있다.

위장이 끝나면 분대별 순서대로 출발을 한다. 출발선부터 목표까지의 거리는 꽤 멀리 떨어져 있다. 훈련코스는 돌무덤 뒤에서 사격, 외나무다리 통과, 철조망 밑으로 포복하면서 통과, 목표를 향하여 돌진하는 등 다양하게 이루어져 있다. 이 코스를 몇 번 반복하고 나면 온몸이 땀범벅이 된다. 시원한 맥주 한 잔이 간절해진다. 이러한 훈련이 반복되고 시간이 지나면서 훈련병들의 체력은 좋아진다.

7) 수류탄

이 훈련은 수류탄에 대한 구조 및 특성을 배우고, 던지는 자세, 연습용 수류탄 및 개인별 실제 수류탄 투척(던지는 것을 말함)을 실시한다. 수류탄은 폭발할 때 파편의 비산거리 등을 고려하여 최소한 35m 이상을 던질 수 있어야 한다. 이를 위해 던지는 자세와 연습용 수류탄으로 투척훈련을 반복하여 숙달한다. 연습용 수류탄을 이용하는 이유는 수류탄의 무게를 미리 느껴보고 던지는 연습을 할 때 어느 정도 멀리 던져야 하는지를 알 수 있도록 하기 위해서다.

훈련병들은 영화에서만 보던 수류탄을 직접 투척한다고 생각하니 은근히 기대가 되기도 한다. 그러나 실제 훈련장에 도착하여 수류탄을 던질 때마다, "꽈광!" 땅이 진동하면서 나오는 엄청난 굉음의 수류탄 위력에 놀라게 된다.

실제 수류탄을 들어 보면 생각보다 묵직한 느낌을 받는다. 더욱이 수류탄을 들고 투척장소에 도착하면, 그 긴장감은 이루 말로 표현하기 힘들 정도다. 수류탄을 던질 때는 절차에 따라 한 단계씩 교관이 통제한다. 수류탄을 투척할 때는 안전을 고려하여 방탄복도 입는다. 투척을 하는 훈련병 옆에는 조교가 1:1로 붙어 있어 긴급 조치를 할 수 있도록 한다.

수류탄은 안전핀을 뽑았다고 바로 터지는 것은 아니고, 뇌관이 작동되어야 터진다. 뇌관은 수류탄에 붙어 있는 '안전손잡이'가 떨어져 나가야 작동하기 시작한다. 안전핀을 뽑았다 하더라도, 손으로 수류탄을 잡고 있으면 뇌관은 작동하지 않는다. 뇌관이 작동한 다음에는 약 4초 후에 폭발한다. 따라서 안전핀을 제거하지 않고 던지면 당연히 터지지 않는다.

8) 체력단련 및 행군

　군인에게 체력은 완벽한 임무를 수행하기 위해서 필수적으로 갖추어야 할 조건이다. 전장상황에는 인간이 견디기 어려운 악조건이 많기에, 이러한 환경 속에서 싸워야 하는 군인은 강건한 신체와 정신력을 갖추어야 한다. 따라서 신병훈련의 중점 중의 하나도 체력단련에 있다. 신병훈련 기간에 체력단련은 주차별로 강도를 높여가며 실시한다. 1주차에는 무장을 하지 않은 상태로, 2주차부터는 단독군장 급속행군을 한다. 3주차에는 단독군장을 하고 주간행군, 4주차 또는 5주차에는 완전무장하여 장거리 야간행군을 한다.

　행군을 마지막으로 신병훈련의 힘든 훈련은 모두 끝이 나므로 행군은 신병훈련의 꽃이라고 할 수 있다. 그렇지만 훈련병들에게 장거리 행군은 시작도 하기 전부터 부담스러운 존재다. "아~ 야간 행군을 어떻게 하나?"라는 걱정이 앞선다. 행군 전에는 발뒤꿈치에 밴드를 붙이거나 전투화와 양말에 비누를 칠하는 등 각종 민간요법으로 물집을 예방하기 위한 준비도 한다. 꾸려놓은 완전군장은 언제 들어봐도 무겁다. 단독군장에 완전무장 배낭을 메면 몸에 걸치는 무게만도 상당하다. 따라서 완전군장으로 장거리 행군을 하려면 체력이 밑바탕이 되어야 한다.

　출발시간이 되면 연병장에 집합해서 인원 및 군장을 확인한 후에 출발한다. 처음 1~2시간은 걸을 만하다. 그러나 3시간쯤 지나면 다리가 점점 무거워지고 힘들게 느껴진다. 더 이상 걷기도 어렵다는 생각에 뒤에 따라오는 구급차를 타고 싶은 마음이 굴

뚝같다. 하지만 힘들어도 열심히 걷고 있는 전우들의 모습과 지금까지 걸어 온 것이 아까워 그러기도 쉽지 않다.

중간지점에 도착하면, 긴 휴식시간을 갖는다. 이때 컵라면을 먹는다. "와~컵라면이다! 신병교육기간에 컵라면을 먹다니~, 와 ~" 하는 탄성이 여기저기서 들린다. 고된 훈련 중에 그것도 땅바닥에 앉아서 먹는 컵라면 맛이 그야말로 꿀맛이다. 지금까지 살아오면서 그렇게 맛있게 컵라면을 먹어본 적이 없었던 것 같다. 컵라면 하나로 이렇게 행복해질 수 있다는 것을 예전에는 미처 몰랐었다. 이처럼 군대란 곳은 잊고 사는 것들을 하나씩 일깨워 주는 곳이기도 하다.

야간행군은 주변이 어두워서 보이는 것도 없다. 대부분 시골길이나 산으로 행군을 하기 때문에 인적도 드물다. 행군하는 동안은 힘들면서도 지루하다. 따라서 이 시간에는 그동안 바빠서 하지 못했던 생각을 많이 하게 된다. 힘들고 지루하던 행군도 새벽 시간이면 부대로 복귀한다. 행군을 마치고 복귀하고 나서, 목욕할 때는 조교의 통제도 없다. 밖에서 조교가 목욕하는 시간을 재지도 않는다. 얼마 만에 자유롭게 목욕을 하는 것인지 이상하게 느껴질 정도다.

자유란 것이 얼마나 귀하고 중요한 것인지도 새삼스럽게 느끼게 된다. 장거리 행군을 마치고 나면 훈련과 체력에 대한 자신감도 생긴다. '나 자신과의 싸움'을 극복하며 행군을 완주했을 때 느끼는 성취감은 말로 표현할 수 없을 정도로 크다.

필자와 같이 근무했던 한 병사는 훈련병 시절 가장 기억에 남는 훈련이 주간행군이었다고 한다. 조교들이 말하기를 "정말 하

나도 힘들지 않고, 동네에서 산보 가는 수준이니 같이 봄나들이
나 갔다 오자."고 해서 가벼운 마음으로 행군을 출발했다고 한
다. 게다가 주간행군은 완전군장도 아니고 단독군장이다.

　주간행군을 하는 그 날은 여름이긴 했지만, 날씨가 좋아서 선
선한 바람이 많이 불었다. 행군하는 동안에는 힘든 줄 모르고 잘
걸어 다녔다. 신병교육대에 갇혀 지내다가 바깥공기도 쐬고 멀리
산과 들을 보면서 걷다 보니 기분도 좋았다.

　그런데 행군을 마치고 나서 양말을 벗는데 뒤꿈치 부분이 양
말에 붙어서 생각보다 많이 아팠다. 양말을 벗고 보니 물집이 크
게 잡혀 있었고 피부 색깔도 누렇고 흐물흐물해져 있었다. 지금
까지 그런 물집이 발에 잡힌 적이 없었는데 신기하기도 했다. 군
화가 발에 익숙하지 않아서 그렇게 된 것 같은데, 막상 행군할
때는 모두 다 그런 줄 알고 좀만 더 참으면 된다 싶어서 열심히
했다고 한다. 행군의 종착지인 신병교육대 위병소가 보일 때쯤에
는 한걸음 한걸음이 아팠다. 나중에 의무대에서 물집 잡힌 환자
들을 치료할 때 보니, 본인의 물집에 제일 빨갛고 컸다고 한다.

　이와 같이 훈련소에서는 훈련이 힘든 만큼 시간도 안 간다. 많
은 시간이 지났다는 느낌인데도 겨우 하루가 지난다. 638일(입대
시기에 따라 조금씩 다름. 638~640일 정도) 중에 하루가 지난 것이다.
훈련병 기간 중 가장 힘든 것은 '시간과의 싸움'이다. 그러나 지
나고 나면 가장 추억 남는 것이 신병교육이라고 한다.

　경험자들은 말하기를 "훈련소에서는 의지할 수 있는 사람이 동
기들뿐이다. 훈련도 같이 받고 어려움도 같이 겪으며, 잠도 같이
잔다. 먹고 자고 24시간 같이 생활하다 보니, 친해질 수밖에 없다.

따라서 군 생활 중 제일 소중한 시간이 훈련소 생활이다. 동기들과 같이 하는 5주간의 생활. 그때부터 비로소 동기와의 끈끈한 전우애가 무엇인지를 느낄 수 있다.”고 말한다.

훈련소 생활은 인간의 생존본능이 앞서는 시기지만, 언제나 똑같이 고생하는 동기를 위해 어떻게든 같이 힘든 시기를 이겨내겠다는 마음을 갖게 한다. 힘들 때마다 서로를 향한 따뜻한 말 한 마디가 많은 격려가 되기도 한다. 훈련소에서 생활하다 보면 동기들만큼 인간미를 느끼는 조직은 없다는 생각도 든다. 어려움을 함께하며 진한 전우애를 느끼게 되는 것이다. 이런 이유로 자대에 가서도 훈련소 동기들이 보고 싶을 때가 종종 있다.

힘든 훈련소 생활. 훈련이 힘들기는 누구나 마찬가지다. 많은 선배들도 다 이 과정을 거쳐 왔고, 나만 하는 것도 아니다. 이렇게 힘든 과정을 이겨내는 한 가지 방법은 ‘저렇게 작은 체격의 전우도 하는데, 내가 못하랴.’, ‘사회에서 앞으로 더 큰 일을 하라고 극기 훈련을 하러 들어 온 것이다’, ‘나는 할 수 있다. 할 수 있다!’라고 생각하는 것이다. 모든 것은 마음먹기 나름이다. 어차피 할 훈련이라면 긍정적인 생각을 갖고 하는 것이 고된 훈련을 덜 힘들게 만들어 준다.

삶에서는 행복만 계속되지 않는다. 인생에서 행복한 시간은 짧다. 따라서 온갖 어려움을 슬기롭게 헤쳐 나가면서 행복을 찾는 것이 인생인 듯하다. 사람마다 기쁨의 순간은 다르겠지만, 어렵고 힘든 일을 이겨냈을 때의 행복은 더 크게 느껴질 것이다.

3. 신병교육대 수료식과 면회

신병교육대의 면회제도는 1951년 처음 도입하였다가, 1959년에 폐지되었다. 그리고 1988년 부활했다가 1998년에 다시 폐지되었다. 그 후 13년이 지난 2011년 5월부터는 신병 기본훈련이 끝나는 5주차에 영내 면회를 허용하기 시작하였다. 2012년부터는 신병수료식 후 영외면회까지 확대하였는데, 이 제도는 면회객 및 신병들의 심리적 안정과 지역경제 활성화에 기여하는 것으로 평가된다.

요즘은 신병 수료식의 모습도 달라지고 있다. 수료식을 공설운동장에서 부모뿐만 아니라 지역주민과 함께하는 부대도 있다. 군악대 공연과 군복과 같은 보급품, 장갑차 등을 전시하기도 한다. 수료식 때는 부모나 친지들이 이등병 계급장을 달아 주고 꽃다발까지 준다. 신병수료식이 군대생활의 시작을 축하하는 장소로 바뀐 것이다.

부모들이 신병훈련 수료식 참석을 원하는 경우에는 우편으로 발송된 출입허가서에 훈련병 소속중대, 성명, 참석 희망인원을 작성하여 제출하면 된다. 수료식 행사일정은 인터넷으로 각 부대별 게시판을 통하여 공지하며, 훈련이 종료되기 전에 각 가정으로 우편물이 발송된다.

수료식에서 '계급장 수여'는 그 동안 훈련 받느라 고생한 아들에게 부모가 계급장을 달아주는 행사이다. 사회자의 '계급장 수여'라는 멘트와 함께 부모들이 아들에게 다가가 계급장을 달아준다. 부모와 자식 모두에게 가슴이 뭉클한 시간이다. 부모의 손으로 직접 달아주는 계급장은 부모나 아들에게 평생의 추억으로 남을 것이다.

어떤 부대에서는 신병수료식에 참석하지 못하는 부모들을 대신해 계급장을 직접 달아주는 모임도 있다. 회원 중의 한 사람은 "신병들의 계급장을 부모 대신 달아주는데, 나도 모르게 눈물이 왈칵 쏟아졌다. 면회를 오지 않아 상처를 받았을 병사들이 즐거워하는 것을 보니 너무도 보람을 느낀다."고 했다. 이와 같이 세상은 나 혼자가 아니다. 전우도 있고, 따뜻한 마음을 가지고 소외받거나 상처받지 않도록 도와주는 고마운 사람들도 주변에 많이 있음을 알 수 있다.

수료식 전날 밤은 동기들과 그동안 하지 못한 이야기를 하며 밤을 지새울 정도로 들떠 있다. 군 생활 중에서 가장 큰 해방감을 느끼는 때가 신병교육대에서 퇴소할 때라고 할 정도로, 훈련병들은 수료를 하는 것만으로도 기분이 좋다고 한다. 훈련을 마치는 5주차가 되면, "우리는 끝~났다. 각~개전투, 우리는 집 앞 5

분전~, 너희는 집합 5분전, 우리는 열차(자대배치 할 때 타는 열차를 말함)~. 너희는 얼차려"라며, 이제 갓 들어온 훈련병들을 놀리기도 한다.

신병 기본교육과정을 성공리에 마치고 수료식 행사장에 입장하는 훈련병들의 모습은 자신감에 차 있다. '내가 드디어 해냈구나. 받을 만한 훈련이었어!'라고 스스로 대견스러워 한다. 5주간 동고동락을 했던 전우들도 같은 모습이다.

수료식이 진행되는 동안 훈련병들의 머릿속에는 그동안 고생했던 기억들이 영화필름처럼 지나간다. 물집이 생겨서 행군 내내 고생했던 기억, 각개전투 훈련장에서 '어머니 은혜'를 부르며 울던 기억, 화생방 실습장에서 최루 가스에 고통스러웠던 기억 등이 스쳐지나간다. 이런저런 생각을 하다 보면, 어느 덧 수료식이 끝나간다.

수료식이 끝나면 면회가 시작된다. 영외 면회는 허용된 지역 내에서만 할 수 있다. 시간은 수료식 종료 후부터 오후 5시 정도까지다. 부대 밖 면회를 원하지 않는 가족들은 부대 내 식당, 체육관, 강당 등을 사용할 수 있도록 개방을 해준다. 영외면회가 허용되더라도 영내에서 면회를 하고 필요한 시간만 영외에서 보내기도 한다. 면회음식을 먹기에는 영내가 편리하기 때문이다.

수료식 면회 때, 부대에서는 간단한 조리를 할 수 있도록 허용한다. 근처 음식점에서 음식을 예약하면, 시간에 맞춰 배달해 주는 곳도 있다. 면회 때의 음식은 생활관으로 가져갈 수 없다. 가져간다 해도 모두 회수한다. 또한, 면회 때 과식은 다음 일정에 지장을 준다. 간혹 면회 때 너무 많이 먹어 생활관 복귀 후에 활동을 못하는 훈련병도 종종 볼 수 있다.

수료식과 면회가 끝나면, 훈련병들에게는 그 동안 힘든 과정을 인내하며 서로 위로가 되었던 동기생들과 헤어지는 시간이 찾아온다. 기본과정이 끝나면, 새로 심화교육을 받게 될 부대나 후반기 교육을 받게 될 부대로 이동을 하기 때문이다. 이번에 헤어지게 되는 동기생들과는 언제 다시 만날 수 있을지 기약이 없다. 떠날 때 울지 않겠다고 말하던 동기들도 막상 떠나는 시간이 되자 뜨거운 눈물을 흘리는 경우가 많다.

5주간의 훈련은 병사들에게 사소한 것들에 대한 소중함과 매사에 감사하는 마음을 갖게 한다. 그리고 '할 수 있다'는 자신감을 키워준다. 끈기 없고 나약했던 사람이 힘들어 하는 전우의 군장을 나눠 멜 수 있는 강한 사람으로도 바뀐다. 성숙한 모습으로 변화하는 것이다.

1) 후반기 교육

수료식과 면회를 마치고 나면, 후반기 교육을 받는 병사들은 교육받을 부대로 떠나게 된다. 이제 정들었던 신병교육대(훈련소)와도 이별을 하게 되는 것이다. 신병교육대를 떠날 때의 기분은 찡하면서도 묘하다. '신병교육대(훈련소)여~ 안녕!'이라는 인사와 함께 신병교육대도 언제 다시 올 기약이 없는 부대로 남게 된다.

신병교육훈련이 군인을 만들기 위한 기초군사교육이라면, 후반기 교육은 주특기에 대한 전문성을 향상하기 위하여 보충교육을 받는 것이다. 자대에서는 개인별로 주특기에 관련된 임무를 수행한다. 이와 관련된 교육을 받는 것이 후반기 교육이다. 대학으로 말하면, 전공이나 부전공을 배우는 것이라고 보면 된다.

후반기 교육은 모든 병사들이 받는 것은 아니다. 전문적인 지식을 필요로 하는 일부 주특기를 가진 병사들만 1~6주간의 교육을 받는다.

후반기 교육 분위기는 신병교육대와는 다소 차이가 있다. 교육을 받는 부대에 따라 다르기는 하지만, 주특기 교육부대로 이동하고 2~3일이 지나면 PX를 이용하거나 전화를 사용할 수 있다. 부대 주소는 조교들에게 물어보면 알 수 있다.

교육 부대에 따라 차이는 있지만, 보통 신병 기본훈련을 마치고 나면 면회가 가능하다고 보면 된다. 그러나 후반기 교육기간 중 면회 횟수를 통제하거나, 면회를 허용하지 않는 부대도 있다.

후반기 교육을 받는 병사들은 교육 마지막 주에 자대분류를 한다. 이때 배치 받는 부대가 약 2년간 군대생활을 하는 곳이다. 일부 병사들은 병과학교의 조교요원으로 선발되기도 하는데, 이들은 병과학교가 곧 자대가 된다.

2) 심화교육

후반기 교육을 받지 않는 병사들은 신병 기본교육 5주를 수료한 다음, 3주간의 심화교육을 받는다. 심화교육은 자대배치를 받고 나서 바로 전투임무수행이 가능하도록 하기 위해서 하는 훈련이다. 훈련병들은 심화교육 기간 동안 강도 높은 교육훈련과 엄격한 평가를 거친 후 자대로 배출된다. 따라서 심화교육을 마친 훈련병들은 자신감이 생겨 자대생활도 잘할 수 있게 된다.

자대생활
노하우

1. 자대배치 및 보직

　자대는 신병교육을 마친 병사가 나머지 군 생활을 하게 될 부대를 말한다. 자대분류는 사단이나 여단급의 인사담당부서에서 담당한다. 분류는 사단이나 여단의 전체 부족한 인원을 부대별, 주특기별로 산출하고, 분류 대상인원을 전산으로 무작위 분류한다. 사단에서 분류는 연대 및 직할대까지만 한다. 사단 직할부대로 분류되면, 그 부대가 바로 자대가 된다. 직할부대로 분류된 병사는 연대를 거치지 않고 바로 해당부대로 가게 된다.

　연대로 분류된 병사는, 자대배치 전에 연대 보충중대에서 1~3일 정도 대기를 하게 된다. 대기 기간에는 연대에서 신고 및 필요한 교육을 받는다. 교육을 마치고 나면 중대로 배치된다. 중대에 도착하면 중대장이 개인별 주특기에 맞는 보직을 부여한다.

　신병교육대 또는 보충대에서 자대까지의 이동은 군용 버스나 트럭을 타고 간다. 목적지가 어디인지 모르는 상태에서 차를 타고 가는 기분은 야릇하다. 왠지 다시는 돌아갈 수 없는 곳으로 가는 느낌도 받는다. 마을도 인적도 없는 산길을 따라 점점 북쪽 방향으로 가고 있으면, '아! 점점 전방 골짜기로 가는구나'라는 생각이 든다. 불안한 마음이 든다. '꿈이었으면~' 하는 생각도 든다.

얼마를 갔을까? 낯선 부대 위병소가 나타나고, 버스는 위병소를 지나 부대 생활관 앞에 도착한다. 인솔 간부가 "다 왔다. 여기가 너희가 생활하게 될 부대다."라며, 차에서 내리라고 한다. 개인 짐을 메고 차에서 내리면 인사과로 안내를 한다. 인사과에서 대기하고 있으면, 대대 간부나 병사들이 보직은 어디로 받을 것인지? 주특기는 무엇인지? 집은 어디인지? 입대 전에는 무엇을 했는지? 등 질문을 많이 한다. 새로 전입해 온 병사에 대한 관심을 표현하는 것이다.

기본적인 절차를 마치고 나면, 최종 배치될 중대로 이동한다. 중대에 도착하면 자대 병사들, 생활관, 부대 환경 등 모든 것이 새롭다. 중대까지는 보통 일과시간이 끝나는 시간 정도에 도착하게 된다. 자대에서의 첫날은 정신이 없는 상태라고 보면 된다. 자대에서의 첫 식사는 무슨 맛인지도 모를 정도다.

전입 첫날 저녁점호가 끝나고 잠자리에 들었지만, 잠이 오지 않는다. 입대 전부터 신병교육대 생활까지 여러 가지 모습이 필름처럼 지나가고, 새로운 부대와 앞으로의 군대생활에 대하여 막연하게 걱정이 되기도 한다. 2년이란 세월이 결코 짧은 시간은 아닌데, 후회하지 않도록 시간을 잘 보낼 수 있을지, 새로운 환경에는 어느 정도 지나야 적응할 것인지, 같이 훈련을 받던 동기들은 잘하고 있는지 등 이런 저런 생각이 든다. 자대에서의 첫날밤은 이렇게 지나간다.

자대 전입 초기에는 부대 내의 모든 병사가 선임으로 신경이 쓰이며, 낯선 것에 대한 적응을 하는 데 어려움을 겪는다. 그러나 이등병이라면 누구나 거치는 과정이다. 자대생활에서 새로운 것을 익히기 위해서는 자대 배치 후 100일 정도의 시간이 걸린다. 이 기간이 지나면 다른 병사들의 도움 없이도 임무수행이나 병영생활을 잘할 수 있게 된다. 따라서 자대에서는 전입 신병들이 자대에 잘 적응할 수 있도록 '신병 100일 관리 프로그램'을 기초로 지도를 해준다.

전입 이후 일정 기간은 대기병 기간이다. 대기병이란 자대에 전입해 온 신병이 부대환경에 적응할 수 있도록 주어지는 기간이다. 바쁘게 돌아가는 자대생활이지만, 대기기간은 그리 바쁘지 않다. 단지 정신이 없을 뿐이다.

자대배치를 받고 나면, '정말로 시간이 안 간다'는 느낌을 받게 된다. 시간이 아예 멈춰버린 느낌이다. '사회는 어떻게 돌아가는지? 내가 없어도 사회는 돌아가겠지? 친구들은 내 생각을 하고 있을까? 잊지는 않고 있겠지?'라는 생각도 든다. 이와 같이 자대생활 초기에는 '나'라는 존재가 사라지는 것 같은 느낌을 받는다고 한다. 그러나 이것도 잠시다. 시간이 흐르면서 동기, 선임, 후임이란 인간관계가 맺어지고, 군대도 사람이 사는 곳임을 알게 된다.

군대에서 한 번 보직된 직위는 특별한 사유를 제외하고는 전역할 때까지 바뀌지 않는다. 부대에서 판단해서 본인의 적성에 맞지 않을 경우에는 일부 바꾸기도 하지만, 이런 경우는 매우 드물다. 보직 결정은 본인의 희망대로 되는 것이 아니다. 부대 손실인원을 고려하여 신병이 보충되기 때문에 본인의 의사와 관계없이 주특기에 따라 보직이 부여된다. 몇 가지 대표적인 보직을 소개하겠다.

① 소총병. 일명 보병이다. 그야말로 주 업무가 교육훈련인 직책이다. 군 병사들의 직책 중 가장 많은 비율을 차지한다.

② 행정병이라 함은 사무직 업무를 수행하는 직책을 통칭하는 것이다. 보직 명칭은 인사기록병, 보급병, 작전병 등으로 맡은 업무에 따라 달라진다.

③ 취사병은 말 그대로 취사를 담당하는 병사이다. 군에서 어느 보직이 쉽겠는가마는 취사병도 예외는 아니다. 취사병들은 식사준비를 위해 다른 병사들보다 더 일찍 기상한다. 평일과 휴일도 같은 일과를 한다. 이런 이유로 취사병들은 보초근무가 없을 뿐만 아니라 일정한 주기로 외박이나 휴가를 보내주기도 한다.

④ PX 관리병은 누구나 보직이 가능하며, 본인의 임무를 수행하면서 추가적으로 수행하는 직책이다. PX는 거의 모든 부대에 있다. 병사들은 아무 때나 영외에 나가서 물품을 구입할 수 없다. 따라서 PX는 복지차원에서 모든 부대가 운영하고 있다. PX는 지역별로 대리점 개념으로 운영하며, 각급부대는 소규모 위탁판매소를 운영한다. 그래서 위탁판매소 운영시간은 부대마다 약간씩 다르다. 일과시간에도 판매를 하는 부대가 있는가 하면, 일과시간 이후에만 판매를 하는 부대도 있다. 물론 주말에는 오전부터 저녁때까지 판매를 한다. 위탁판매소로 운영되는 대대급 'PX 관리병'은 정식으로 인가되어 있는 직책이 아니다.

군대에서는 '줄을 잘 서야한다.'라는 말이 있다. 부대배치뿐만 아니라 어느 보직을 받느냐에 따라 군 생활이 달라짐을 의미한다. 하지만 요즘은 사정이 다르다. 어떤 보직을 받느냐보다 본인 적성에 맞는 보직을 받는 것이 더 중요하다. 행정업무가 적성에 맞지 않는 병사가 행정병 보직을 받으면 그만큼 고통스러운 일이 없다. 반대의 경우도 마찬가지다. 각 보직마다 하는 일이 다를 뿐만 아니라, 사람마다 적성에 맞는 일이 있기 때문이다. 개인 적성에 맞는 보직을 잘 받으면 좀 더 즐겁게 군 생활을 할 수 있게 된다. 다음은 군에서 최고의 요리사를 꿈꾸는 병사의 사례이다.

A일병은 사회에서는 전혀 관련이 없던 조리병 주특기를 부여 받았다. 병무청에서 적성검사를 받을 때, 기록을 잘못하여 조리병 주특기를 부여 받게 된 것이다. 기왕 조리병 주특기를 받은 것, 군에서 최고의 조리사가 되기로 결심하였다. 어차피 해야 할 것이라면 최선을 다해보자는 생각으로 시작했다. 조리 경험이 없던 A일병은 하겠다는 의지만을 가지고 칼질을 시작했다. 자대에 배치 받고서는 매일 썰기 연습에 열중했다. 처음으로 하는 칼질은 생각만큼 쉽지 않았다. 칼에 손이 베이고, 무를 썰어도 크기가 일정하지 않았다. 게다가 음식을 만들면 맛이 없다는 선임병들의 질타도 자주 들었다. 그러나 '할 수 있다'는 신념 하나만을 믿고, 매일 저녁 늦게까지 취사장에서 음식과 씨름을 하였다.

이러한 A일병의 모습을 보고, 식당에서 요리를 하다가 입대한 선임병이 스승을 자처하며 나섰다. 하나하나 자세하게 알려주는 것을 옆에서 지켜보며 메모를 했다. 이렇게 하기를 8개월. A일병은 누구에게도 빠지지 않는 조리병이 될 수 있었다. 자신감이 붙으면서 소대원들을 위해 가장 자신 있는 깐풍기 요리를 만들어 주기도 했다. 1년이 지나면서 한식과 양식조리사 자격증도 취득했다. 입대 전에는 생각하지도 못했던 것을 군에 와서 거뜬히 해낸 것이다. A일병은 "이제는 대한민국에서 최고가 되는 것이 목표입니다."라고 인생의 목표를 바꿨다.

– 김남규, 「국방일보」,
'대한민국 최고의 대장금 꿈 키우고 있어요', 2011. 2. 16 –

95

2. 전입신병 100일 관리

　'전입신병 100일 관리'란 신병훈련을 마치고 자대로 전입 온 병사가 부대에 잘 적응할 수 있도록 100일 동안 관리하기 위한 계획을 말한다. 여기서 '100일'은 자대 전입 후 100일 정도만 잘 적응하면, 큰 어려움 없이 군 생활을 할 수 있다는 의미가 포함되어 있다. 그래서 모든 부대에서는 부대 실정에 맞게 약 3개월 동안 신병을 관리할 수 있는 프로그램을 만들어 시행한다.

　전입신병 100일 관리는 3단계로 나누어 관리한다. 1단계는, 심리적으로 안정을 찾을 수 있도록 소개교육이 주를 이룬다. 이 시기에는 전입신고, 개인 신상파악, 보직부여, 부대소개 및 군 생활에 필요한 내용을 알려준다. 자대에 전입해 오면 행정보급관이 먼저 면담을 한다. 그리고 부모님과 전화통화를 할 수 있는 시간도 부여한다. 소대원과 인사를 하고 본인 소개도 한다. 본인 소개를 할 때는 학창시절 전학을 간 교실에서 첫 인사를 하는 기분과 비슷하다.

　면담은 행정보급관 뿐만 아니라, 소대장, 중대장, 대대장 등 여러 번에 걸쳐서 실시한다. 이렇게 하는 이유는 신병의 특징과 특성을 잘 파악하여 개인별로 맞춤식 지도 및 관리를 하기 위해서다. 면담은 부대 사정에 따라서 훈련 등으로 늦어지는 경우도 있다.

　병사들의 복무기간은 21개월이다. 어떤 부대에 500명의 병사가 있다면, 1년에 250여 명 이상이 새로 전입오고 전역을 한다. 1년을 52주로 계산하면, 매주 평균 5명 정도가 전입 및 전역을 하는 것이다. 군 생활의 경험이 풍부한 대대장들은 지금까지 면담했던 병사만 해도 2,000명은 족히 넘을 것이다. 그것도 언제나 20대 초반의 병사들이다. 따라서 중대장이나 대대장들은 면담에 대한 노하우를 많이 갖고 있다.

　대대장들은 전입신병과 30분 정도 면담하면, 그 병사에 대하여 개략적인 특징을 파악할 수 있다. 남을 존중할 줄 아는 병사, 부모의 사랑을 많이 받은 병사, 가정교육을 잘 받은 병사, 부모가 무관심하게 키운 병사, 자기만을 아는 병사 등을 쉽게 알 수 있다. 또한, 부대 생활에 잘 적응할 것인지도 구분할 수 있다. 'A병사는 생활을 잘할 것 같다. B병사는 3개월 정도 관심을 갖고 지도해 주면 잘 적응할 것 같다. C병사는 부대 적응하는 데 많은 시간이 필요할 것 같다. D병사는 이기적인 성향이 심해서 생활관 적응에 어려움이 많겠다.' 등으로 구분이 된다. 그 중에는 고의로 부적응 증세를 나타내는 병사, 대인 기피현상을 보이는 병사, 내성적이고 말없이 혼자 고민하는 병사 등도 찾아낼 수 있다. 많은 병사들을 상대하다 보니 감으로 알 수 있게 된다.

전입신병에게는 멘토(mentor)가 지정된다. 멘토는 같은 분대 내에서 상병 또는 병장으로 정해진다. 부대 시설물 및 편의시설은 멘토가 같이 다니면서 소개를 해준다. 이때 군 생활에 필요한 내용도 알려준다. 멘토들은 후임병이 들어오는 것을 매우 좋아한다. 후임의 전입은 자신이 선임이 되어가고 있음을 의미하며, 본인이 전역할 시기도 가까워지고 있음을 알리는 것이기 때문이다. 또한, 본인의 옛 모습이 생각나 왠지 모를 정겨움도 느낀다. 그래서 후임병에게 군 생활에 대한 노하우도 잘 알려준다. 멘토와 성격이 잘 맞으면, 전역 후에는 선·후임 관계가 아닌 형 또는 친구가 되기도 한다. 사회와 달리 군대에서 선·후임의 인연이 오래 갈 수 있는 것은, 어려울 때 도와주고 조건 없이 베풀기 때문이다. 전입신병들은 자대 생활이 낯설거니와 언제 무엇을 해야 하는지도 잘 모른다. 따라서 대기병 기간에는 전화사용, 편지 작성, 세탁 및 PX를 이용할 수 있도록 조치를 해준다.

2단계는 부대에 적응하는 정도를 관찰하는 기간이다. 이 기간에는 신병의 특기에 맞는 기본적인 임무를 부여한다. 소대장과 분대장에 의한 면담도 실시한다. 그리고 임무수행에 대한 능력도 평가한다. 병사들은 생활관에서 군대 생활의 많은 부분을 전우들과 함께 보내게 된다. 따라서 생활관 내에서 전우들과의 관계는 매우 중요하다. 아무리 힘들고 어려운 훈련을 받더라도 전우들과의 관계가 좋다면, 군 생활을 재미있게 할 수 있다. 단체생활이나 학교생활에서 잘 적응했던 병사들은 자대생활에 대한 적응도 빠르다. 반대로 잘 적응하지 못할 경우 생활관에서 뿐만 아니라 임무수행을 할 때도 힘들 수 있다.

3단계는 자신감을 갖도록 하는 단계이다. 스스로 임무를 수행할 수 있도록 지도해 주는 기간이다. 임무를 부여하고 성취도를 확인하며, 지휘관에 의한 관찰 및 지도가 이루어진다. 부대생활간에 애로사항이나 적응도는 간담회 또는 개별 면담 등을 통하여 확인한다. 이러한 과정을 통하여 자대 전입 후 약 3개월 정도가 지나면 대부분의 병사들은 적응을 하게 된다. 이렇게 볼 때, 신병 한 명이 부대에 전입해 오면 대대장, 중대장, 멘토 등 많은 인원들이 이들의 적응을 위해 노력을 하고 있다. 전입신병을 관리하는 동안에도 부대에는 계속적으로 또 다른 신병이 전입해온다. 따라서 전입신병 관리는 같은 과정을 연속적이고 반복적으로 시행하게 된다.

병사들은 일정기간이 지나 자대생활에 적응하고 나면, 또 하나의 어려움을 겪게 된다고 한다. 다름 아닌 똑같은 일들을 매일같이 반복해야 한다는 것이다. 아침에 일어나서 점호, 뜀걸음, 근무지에서 과업수행, 저녁식사, 일석점호 등 반복되는 일상이 힘들다고 한다. 넓지 않은 부대 울타리 안에서 생활하려니 더욱 그렇다. 답답하다고 맘대로 부대 밖으로 나갈 수도 없다. 끊임없이 참아야 하는 것이다.

이어령 박사는 우리나라에서는 계절을 '철'이라고 하고, 그 변화를 깨닫고 행동하는 사람을 '철든 사람'이라고 하였다. 반대로 나이에 관계없이 봄이 돼도 묵은 옷을 벗을 줄 모르면 '철없는 사람'이라고 불렀다고 한다. 이와 같이 많은 병사들이 군대생활하면서 생각도 깊어지고, 어려움을 참을 줄도 알게 된다. 철이 들어가고 있는 과정인 것이다.

3. 군 생활과 인생의 목표

　군대생활을 알차게 하기 위해서는 가장 먼저 군 생활에 대한 목표가 있어야 한다. 군 생활의 목표란, 군 생활하는 동안 무엇을 어떻게 할 것인가를 정하는 것이다. 군 생활에 대한 목표를 세우고 입대하면, 의미 있는 군 생활을 하는 데 도움이 된다.

　목표는 어떤 것이든 자신에게 맞는 것을 정하면 된다. 그러나 입대 전에는 어느 지역에 있는 부대에 배치될지, 어떤 보직을 받을지, 무슨 일을 하게 될지도 모르기 때문에 구체적인 목표를 세우기가 쉽지 않다. 따라서 입대 전에는 구체적인 목표를 정하기보다는 개략적인 목표를 설정하는 것이 좋다.

　예를 들면, '건강하게 전역하기, 적극적인 군대생활 하기, 친한 전우 5명 만들기, 체력단련을 꾸준히 하기, 책 100권 읽기' 등과 같이 정하는 것이다.

　구체적인 목표를 정하는 시기는 필자의 경험으로 보았을 때,

입대 후 3~4개월이 되는 시점이 적당할 것으로 생각된다. 자대배치 후 100일 정도가 지난 시기이다. 이때가 되면, 자대생활이 어떻게 돌아가는지 어느 정도 알 수 있다. 물론 그 이전에 군 생활에 대한 목표를 세워도 되지만, 군 생활을 잘 모르는 상태에서 세운 목표는 현실성이 떨어질 수 있다.

실제로 신병교육 기간에는 자기계발을 할 시간적 여유가 없다. 자대배치를 받더라도 처음에는 배워야 할 것들이 많아 시간적 여유가 없는 편이다. 이등병 때는 아는 것보다 모르는 것이 많기 때문이다. 이렇게 보았을 때 입대 후 자기 시간을 가질 수 있는 시기는 자대배치를 받고 나서 일정기간이 지나야 가능하다.

군 생활이 인생에서 단절된 기간이 아니고 인생의 목표를 달성해 가는 하나의 과정임을 고려할 때, 군 생활의 목표는 인생의 목표와 연계성 있게 설정하여야 한다. 따라서 군 생활의 목표를 정하기 위해서는 먼저 인생의 목표가 설정되어 있어야 한다. 인생의 목표를 정할 때는 자신이 미래에 되고자 하는 모습이 구체적으로 정해져 있어야 한다. 인생의 목표를 개념적으로만 정해놓으면, 세부 실천계획을 수립하기가 어렵다.

예를 들면, '돈을 많이 벌고 싶다'라고 목표를 정하면 실천계획을 수립하기가 어려운 것이다. 반면 '지금부터 20년 후, 40세가 되었을 때 A대학의 경제학 교수가 되는 것'과 같이 목표를 정하면 구체적인 실천계획을 수립하기가 쉽다.

인생의 목표를 정했으면 그 다음은 실천계획을 수립하는 것이다. 실천계획은 장기적인 목표를 달성하기 위한 중간목표를 설정해야 연계성 있게 추진할 수 있다. 다시 말해, 10~20년 후에 달성하고자 하는 미래의 목표를 정해놓고, 그 목표를 달성하기 위해서 7년 후, 5년 후, 3년 후에 달성해야 할 중간목표를 수립하는 것이다. 목표를 정해놓고 남은 기간을 계산하여 중간기간까지 달성되어 있어야할 목표를 정하는 것이다.

이렇게 목표를 정하는 방법을 군대용어로 '후보계획에 의거 목표를 수립한다'고 한다. 최종목표를 달성해야 할 일자와 시간을 정해놓고, 그 목표를 달성하기 위해 거꾸로 시간계획을 짜는 것이다. 이런 방법을 적용하면, 인생의 목표를 달성하기 위해서 군생활 기간에 해야 할 목표를 설정하기가 쉬울 수 있다.

예를 들어, 20세인 A라는 사람이 있다고 하자. A는 30세가 되는 10년 후에 필요한 사업자금으로 1억 원을 마련한다는 목표를 정했다. 이 목표를 달성하기 위해서는 28세까지 7천만 원 정도의 자금을 만들어야 한다. 또한, 10년의 중간이 되는 25세까지는 적어도 3~4천만 원 정도의 자금이 마련되어 있어야 한다. 이를 달성하기 위해서는 23세까지 2천만 원 정도를 모아야 한다. 23세까지 남아 있는 시간은 3년이다. 3년 동안은 매년 7백만 원 정도를 모아야 목표를 달성할 수 있다. 이렇게 계산을 하면 매년 7백만 원의 자산을 증가시킬 수 있는 방법을 찾게 될 것이다. 그리고 그것이 현실적으로 가능한 것인지를 판단하게 된다. 이것이 어렵다면 자신의 목표를 수정해야만 한다. 이렇게 하면 현실성 있고 실천 가능한 계획을 수립할 수 있게 된다. 그리고 3년 후, 5년 후, 7년 후에 달성해야 할 중간목표도 자동적으로 정해지며, 어떻게 그 목표를 달성할 것인가에 대한 구체적인 계획을 수립하기가 쉽다. 이와 같이 하면, 금년 연말까지, 전반기에는, 이번 달에는, 이번 주에는 무엇을 어떻게 해야 할 것인지에 대한 계획을 쉽게 찾을 수 있게 된다.

군 생활 기간만을 놓고 계획을 수립한다고 생각해보자. 예를 들어, 21개월 동안 외국어 능력 향상을 위한 영어단어 5천 개 외우기, 책 100권 읽기 등의 목표를 수립하였다면, 금년 연말까지는 영어단어 2천 개 외우기, 책 50권 읽기와 같이 중간목표를 정하게 된다. 그에 따라 6월이나 3월까지, 그리고 이번 달에는 무엇을 얼마나 해야 하는지도 계획을 쉽게 수립할 수 있다. 이를 주 단위, 하루 단위로 세분화하면 더욱 구체적인 목표를 정할 수 있다.

계획을 수립하였다면, 이것을 글로 적어 두어야 한다. 사람은 시간이 지나면 잊어버리기 쉽고, 또 힘들게 계획했던 일들도 몇 년이 지나면 자세한 내용을 기억하기도 어렵다. 글로 남겨 놔야만 오랫동안 간직할 수 있는 것이다. 글로 적어야 하는 또 하나의 이유는 정해진 목표를 매일 보면서 달성이 되었는가를 확인하기 위해서다. 또한, 자신이 정한 목표는 자주 볼 수 있는 곳에 붙여 놓는 것이 좋다. 여러 병사가 같이 생활하는 생활관에 붙이는 것이 곤란하다면 자신만의 노트나 수첩, 수양록 등의 잘 보이는 곳에 적어 두는 것이다.

계획이 달성되었는가를 평가하는 것은 주간단위로 하는 것이 좋다. 주말에 수양록을 작성하면서 한 주간 계획했던 일, 달성된 정도, 다음 주에 대한 계획 등을 생각하면서 스스로를 평가하는 것이다. 이런 평가를 하면서 목표가 달성되었을 때를 자주 상상하게 되면, 군 생활에 대한 활력소가 될 것이다.

‘작심삼일(作心三日)’이란 말이 있다. 많은 사람들은 1년에 한 번만 계획을 세우는 경우가 많다. 그러나 현명한 사람은 매달 계획의 달성 정도를 평가한다고 한다. 국방대학교 총장을 역임한 임관빈 장군은 “매달 계획을 세우는 사람은 1년에 한 번 결심하는 사람보다 12배의 성과를 낼 수 있다. 좀 더 지혜로운 사람은 연초에 세운 결심과 계획을 한 주가 시작될 때마다 확인하고 점검한다. 이런 사람은 1년에 한 번 결심하는 사람보다 53배의 성과를 낼 수 있다.”고 하였다.

그러나 바쁘다 보면 자신의 목표달성 평가를 상당기간 못할 수도 있다. 군 생활하는 동안 이것은 아주 자연스러운 현상이다. 그렇지만 아무리 바빠도 한 달에 한 번은 마음의 여유가 있을 때가 있다. 이때가 되면 기록했던 목표를 다시 펼쳐볼 것이고, 지금까지 목표했던 것을 얼마나 달성했는지 확인할 수 있을 것이다.

사람은 누구나 자신이 목표로 했던 부분을 달성하지 못했을 경우에는 스스로 반성하게 되며, 마음가짐을 새롭게 하게 된다. 부족했던 부분을 스스로 반성하고, 다시 현재를 기준으로 세웠던 목표를 수정하면 된다. 이런 행동을 반복하는 것 자체가 자신이 세운 미래의 목표를 향해 한 걸음씩 나아가고 있음을 나타내는 것이다.

성공하는 사람은 10년 앞을 보면서 계획을 세우고 준비한다고 한다. 미래의 계획이나 목표가 없이는 새로워지기 어렵다. 또한, 목표를 달성하기 위해 인내심을 가지고 끝까지 노력하는 사람도 생각보다 많지 않다. 그래서 성공한 사람이 적은 것이다. 성공을 하려면 생각만 하지 말고, 행동으로 실천해야 한다.

어떤 변화든 어느 한 순간에 일어나지 않는다. 여러 과정의 노력이 쌓이면서 서서히 변해가는 것이다. 사람들은 자신의 변화된 생각과 행동 없이 힘든 생활에서 벗어나고자 한다. "군 생활이 너무 힘들다."고 하면서도 막상 자신에게 변화를 요구하면, 그렇게 하지 못한다.

이렇게 습관이나 행동을 바꾸는 것은 쉽지 않다. 행동을 바꾸지 않고는 변화를 기대할 수 없다. 준비하는 자에게 기회가 온다고 했다. 아직까지 군 생활에 대한 목표 없이 생활하는 사람이 있다면, 지금부터라도 계획을 세워 시작해 보기 바란다.

4. 후임병 때의 생활자세

　신병교육대 훈련병 시절은 육체적으로 매우 힘든 시기이다. 따라서 훈련병들은 신병훈련이 빨리 끝나고 자대로 배치되기를 바란다. 육체적으로 힘든 신병교육대보다는 자대 생활이 훨씬 좋을 것이라고 생각을 하기 때문이다. 사람에 따라 다르겠지만, 아무래도 자대생활은 신병교육대보다 여유가 있는 것이 사실이다. 그렇지만 신병교육대와 자대는 여러 가지 면에서 차이가 있다. 그 중에서 가장 큰 것이 선임과 후임이 같은 곳에서 생활한다는 것이다. 신병교육대는 조교를 제외하면 생활관 내에는 모두 동기들이다. 훈련은 힘들지만 선임병의 눈치를 볼 필요가 없어, 마음은 편하게 지낼 수 있다. 그러나 자대는 다르다. 전입 초기에는 부대 내 모든 병사가 선임이므로 생활하는 데 신경이 많이 쓰인다.

1) 이등병 때는 무엇이든 열심히 한다

  자대에서의 이등병 생활. 모든 것이 낯설고 처음이며, 하는 일 모두가 생소한 것들이다. 아는 것보다 모르는 것이 많고, 배울 것도 많은 계급이다. 따라서 지금까지 자신이 생활했던 방식을 잠시 멈추고, 뭐든 열심히 배워야 하는 시기이다. 자대에서 이등병 생활을 잘하려면 어떻게 해야 할까? 필자와 병사들의 경험담을 정리해 보았다.

  첫째, 적극적인 배움의 자세를 갖는 것이다. 자대의 선임병들은 이제 막 전입해 온 이등병에게 많은 것을 바라지 않는다. 그저 군기 든 모습과 자대 생활에 대하여 적극적으로 배우려는 자세를 보이는 것만으로도 인정을 해준다. 따라서 이등병 때는 뭐든 열심히 하려는 모습을 보이는 것이 중요하다. 선임병들의 눈치를 볼 필요도 없다. 어떤 업무가 있으면 먼저 하겠다고 나서서 적극적으로 행동을 하는 것이다. 처음부터 편해지려고 요령을 피우다 보면, 선임들의 눈 밖에 나서 더 힘들어질 수 있다. 이렇게 긍정적이고 적극적으로 생활하다 보면 선임들로부터 칭찬을 받게 된다. 사람에 따라 다르기는 하지만, 자대생활은 약 1개월 정도 지나면 대략 알게 된다. 완전하게 적응하려면 약 3개월 정도 지나야 한다.

  자대 전입 후에는 대기기간이 있다. 이 기간에는 '노란 견장'을 어깨에 달고 생활을 하며, 부여되는 임무도 거의 없다. 이때는 새로운 환경에 적응할 수 있도록 많은 것을 보고 배워야 한다. 선임인 일병들의 행동과 태도를 잘 관찰하는 것이다. 그러면 앞으로 자대생활 기간 동안 어떻게 행동해야 하는지를 알 수 있다. 특히 자신의 바로 윗선임의 행동을 잘 보고 배우는 것이 좋다. 또한, 부대 내 정보를 많이 알면 이등병 생활을 잘하는 데 도움이 된다. 정보획득은 여유가 있을 때 중대 게시판을 잘 확인하면 알 수 있다.

군대에는 여러 사람들이 모이기 때문에 별별 성격을 가진 사람들을 많이 볼 수 있다. 매일 아프다고 하는 사람, 매사에 열심히 하는 사람, 개념 없는 행동을 많이 해서 다른 사람에게 피해를 주는 사람, 소심하고 말이 없는 사람 등 다양하다. 군대에서는 소심하다고 생각하는 사람도 자대생활을 잘 할 수 있다. 자대에서는 말이 없다고 문제가 되지 않는다. 더 중요한 것은 열심히 배우려는 자세가 되어 있느냐이다. 선임들은 말없이 열심히 하는 후임들을 오히려 더 좋아한다.

이와 같이 군 생활은 열심히 하겠다는 마음만 있어도 잘 할 수 있다. 작은 부분이지만 배우려는 노력과 자세가 중요한 것이다. 아무런 노력 없이 계급장을 하나 더 단다고 해서 군 생활을 잘하는 것은 아니다.

둘째, 목소리를 크게 해야 한다. 그리고 무엇이든 열심히 하는 것이 좋다. 이등병 때는 군에 대해 아는 것이 많지 않기에 목소리라도 우렁차게 해야 한다. "이등병은 부대의 얼굴이다."라는 말이 있다. 선임병들은 후임병들이 군 생활을 잘해내기를 바라지만, 그보다 더 중요한 것은 열심히 하고 어떤 일이든 자신감 있게 행동하기를 바란다. 축구에 소질이 없는 사람이라 하더라도 공에 관계없이 열심히 뛰는 모습을 좋아한다. 선임병들은 축구에 소질이 있는 사람인지 없는 사람인지 다 알고 있다. 축구에 재능은 없지만 열심히 뛰어 다니는 모습만으로도 후임병을 인정해 준다.

그리고 놀아야 하는 자리에서는 온 힘을 다해서 노는 것이다. 열심히 노는 것도 선임들의 인정 대상이다. 아무리 춤을 잘 춘다고 해도 연예인만큼의 실력이 안 되는 것은 당연하다. 그렇지만 연예인 못지않게 노는 모습만으로도 선임병의 사랑이 쏟아진다. 또한, 먹을 때는 맛있게 먹는 것이다. 자대에서는 새로 전입온 신병을 PX로 데려 간다. 분대원과 함께 가는 경우가 많다. 많지는 않지만 다양한 먹을거리를 사준다. 이럴 때는 열심히 먹어야 사랑받는다. 선임병들이 사주면 맛있게 많이 먹는 것도 사랑받는 방법 중의 하나이다.

자대에서 담배는 억지로 권하지 않아도, 술은 권하는 경우가 종종 있다. 회식이 많지는 않지만, 피할 수 없는 술자리도 있다. 술을 잘 못하는 경우에는 선임이 기분 나쁘지 않을 정도로 거절한 다음, 그 이유를 말하고 적당량을 마시면 된다. 그 다음부터는 강제로 권하지 않을 것이다. 반대로 과음을 해서 주정하는 사람은 선임들의 눈 밖에 나기 쉽다.

셋째, 실수를 했을 때는 선임이 하는 말을 끝날 때까지 잘 듣고, 자신의 실수를 깨끗하게 인정하는 것이다. 누구나 처음인 군대에서 해보지 않은 걸 하기 때문에 실수를 할 수 있다. 선임들은 후임이 왜 그런 실수를 했는지 경험을 통하여 다 알고 있다. 따라서 실수를 모면하기 위해 핑계를 대거나 책임을 회피하려는 모습, 자존심이 상해서 인상을 쓰는 것이나 억울해 하는 모습,

기죽은 모습 등은 보이지 않아야 한다. 이런 행동은 좋은 평가를 받지 못한다. 어떤 사람이든 완벽하지 않다. 군대 업무는 반복되는 것이 많기 때문에 시간이 흐르면 실수 없이 생활할 수 있다. 그리고 후임병일 때는 누구나 싫은 소리 한두 번쯤은 듣는다. 그럴 때는 그러려니 생각하고 넘어가는 것이 좋다. 그래야 마음이 편하다. 지금은 힘들지 몰라도 선임이 되고, 후임들이 생기면 왜 그런지 알게 된다.

선임병이 되고 나면 후임병들이 잘하기를 바란다. 그래서 제대로 가르치기 위해 쓴 소리도 하게 된다. 이런 선임의 모습을 어떻게 받아들이는가도 중요하다. '왜 나한테만 뭐라고 하지?'라는 부정적인 생각을 갖기보다는 '앞으로는 이러지 말아야 하겠다. 더 잘해야지!'라는 긍정적인 생각을 가질 필요가 있다. 부정적인 시각으로 보면 모든 것이 불만투성이다. 군 생활을 긍정적으로 해야 하는 이유는 선임을 위해서가 아니라 내 자신을 위해서다.

그리고 반복되는 실수를 하지 않기 위해서 일정한 시간이 지난 다음, 선임을 찾아가 답을 구하는 것이 좋다. "제가 판단하기에는 이렇게 하는 것이 맞는 것 같습니다. 그래서 그렇게 행동을 했는데, 선임에게 혼이 났습니다. 앞으로 이런 실수를 하지 않으려면 어떻게 하면 됩니까?"라고 묻는 것이다. 또한, 선임병에게 섭섭하거나 억울한 일이 생기면, 그 선임병이 기분 좋을 때 찾아가 조심스럽고 공손하게 이야기를 하면 오해를 풀 수 있다. 이렇게 하면 그 선임과 서로를 더 잘 알게 되고 마음의 정도 쌓이며, 반복되는 실수도 줄일 수 있다.

넷째, 보고를 잘해야 한다. 자대에서 혼자만의 행동은 제한 대상이다. 생활관을 떠날 때는 어디에 간다고 분대장이나 선임에게 보고를 해야 한다. 아무 말 없이 없어지면 탈영으로 오해를 받을 수 있다. 그러면 부대원 전체가 없어진 병사를 찾기 위해 부대 구석구석을 수색하는 일이 벌어진다.

다음과 같은 사례도 있었다. 휴일 날 이등병이 선임들의 눈에 잘 보이지 않는 곳에 가서 담배를 피우다가 따스한 햇살에 깜빡 잠이 들고 말았다. 잠시였다는 느낌이었는데 3시간이 훌쩍 가버렸다. 갑자기 한 병사가 보이지 않자, 부대에서는 없어진 이등병을 찾기 위해 부대 곳곳을 찾고 난리도 아니었다. 본의 아니게 부대원들에게 피해를 끼치는 것이다.

다섯째, 선임의 이름은 무엇인지, 누가 선임인지를 빠른 시간 내에 아는 것도 중요하다. 학창시절과 마찬가지로 학급친구들의 얼굴과 이름을 알고 있어야 대화도 되고, 이야기를 나눌 수 있다. 이등병 때는 누가 같은 중대원인지, 선임인지 등을 빨리 익히는 것도 중요하다. 자칫 잘못하면 큰 실수를 할 수도 있다.

여섯째, 센스 있는 행동은 선임들로부터 칭찬을 받는다. 사회생활과 마찬가지로 군에서도 눈치껏 행동을 잘하는 후임병들이 사랑을 받는다. 도홍찬의 『선택의 심리학』에는 센스와 관련된 내용이 잘 나타나 있다. 할아버지가 손자에게 담배를 가져오라고 하자 담배만 달랑 갖다 드린다. 조금 후 "성냥 좀 찾아오너라." 하자 성냥만 갖다드린다. 재떨이를 찾아오라고 하자 재떨이를 찾아다 드리면서, 손자는 속으로 투덜거린다. "할아버지도 참! 한꺼번에 시키면 얼마나 좋아." 할아버지가 담배 심부름을 시킬 때, 손자가 그 행동의 결과가 어떻게 될 것인지 예측할 수 있었다면 성냥과 담배, 재떨이를 한꺼번에 갖다드렸을 것이다.

우리는 흔히 어떤 행동을 할 것인가에 많은 관심을 갖지만, 정작 그 행동의 결과에는 구체적인 관심을 갖지 않는 경향이 있다. 특히 군 생활에서는 자신이 하는 행동에 대한 결과를 생각하면서 행동할 필요가 있다. 그러면 더욱 사랑받는 후임병이 될 것이다.

반면 '눈치 없다'고 이야기를 자주 듣는 사람도 있다. 이런 사람들은 다른 사람과 느끼는 감정이나 판단기준이 달라서 나타나는 현상이다. 다른 사람들과 좋고 싫음에 대한 기준이 다른 것이다. 이런 사람들은 '자기관리'나 '심리학' 관련 책을 많이 읽는 것이 도움이 된다고 한다. 이런 책을 통하여 일반적인 사람들의 상황인식과 행동성향 등을 배울 수 있고, 다른 사람들이 생각하는 기준을 알게 된다.

일곱째, 모르면 선임들에게 물어보아야 한다. 이등병 때는 너무 긴장을 해서 제대로 듣지 못하는 경우가 있다. 이럴 때는 "다시 한 번 말씀해 주시면 안 되겠습니까?"라고 물어보아야 한다. 물어보는 것이 부담스러워, 혼자 판단해서 일을 하면 오히려 더 큰 곤경에 빠질 수 있다.

사회와는 다르게 군대는 경험이 중요한 요소 중의 하나이다. 군 경험이 부족한 이등병 때는 본의 아니게 실수를 하는 경우가 많다. 고의가 아니라 몰라서 못하는 것이다. 잘하고 싶은데 그것이 잘 안 된다.

군에서는 교육훈련으로 얻을 수 있는 지식이 있고, 경험을 통해서 얻을 수 있는 것이 있다. 사회적으로 많은 지식을 가진 사람이라고 하더라도, 모든 것이 낯선 군에서는 경험과 경륜이 높은 가치를 발휘하는 경우가 종종 있다. 특히 긴박한 전투현장에서는 더욱 그렇다. 따라서 이등병 때는 어떤 일을 하면서 잘 모를 때, 선임병에게 물어 볼 필요가 있다. 선임들은 비슷한 경험을 해 보았기 때문에, 현명한 상황판단을 해 줄 것이다.

 세상을 현명하게 살아가는 지혜란 무엇일까? 가끔은 간부 또는 분대장의 지휘방법을 보면서 '잘못 되었어'라는 생각을 하는 경우가 있다. 이럴 때는 '나는 저런 경우에 이러한 방법보다 저러한 방법을 하는 것이 더 좋겠다'라고 메모해 두기를 바란다.

예를 들면, 갓 전입한 신병은 선임병들의 간섭에 "나는 선임병이 되면 저렇게 하지 말아야지."라고 마음먹는 경우가 있다. 하지만 막상 상급자가 되면 예전의 생각은 사라지고 선임병들이 했던 행동을 그대로 답습하기도 한다. 자신이 언제까지나 후임일 것으로 생각하고, 선임자가 되는 것에 대한 준비가 없었기 때문이다. 이런 면에서 후임병 때부터 자신의 선임생활을 설계하는 자세가 중요하다.

이등병 시절 자대에서 가장 많이 듣는 말이 있다. "내가 이등병 때는…", "요즘 군대 참 좋아졌다. 나 이등병 때는 저런 행동을 꿈에도 꾸지 못했다."라는 말이다. 20년 전에도 그랬고, 지금도 병사들이 변함없이 하는 말이다. 전역한 선배들에게 물어보면, 군대생활을 편하게 했다고 말하는 사람은 거의 없다. 어느 부대에서 근무했던 간에 자신이 가장 힘들었다고 생각한다. 과거에 비해 군대가 많이 좋아진 것은 사실이다. 그러나 아무리 군대가 좋아졌다고 해도 이등병 시절은 누구나 힘들고 어렵다. 새로운 환경에서 하루아침에 적응하기란 쉽지 않고, 무엇이든 처음부터 잘하는 사람은 아무도 없기 때문이다.

어떤 분야에서든 잘하기까지는 수많은 어려움과 실수가 있기 마련이다. '이등병이 못하는 것은 당연하다. 잘하는 것이 오히려 이상한 것이다.' 이렇게 편하게 마음을 먹으면 어려울 것도 없다. 군에 와서 계급이 이등병일 뿐이지, 능력이나 인품이 이등병인 것은 아니다. 남들이 자신을 저평가한다고 해서 자기 스스로를 하찮은 존재로 생각할 필요도 없다. 자기 자신을 믿기 바란다.

2) 일등병의 생활 자세

군대에서는 설렘으로 잠을 쉽게 이루지 못하는 날이 있다. 휴가 가기 전날과 진급하기 하루 전날이다. 이등병에서 일병으로 계급장이 바뀌면, 하루의 차이가 엄청 크다는 것을 실감할 것이다. 이등병 때와 일병 때의 느낌은 전혀 다르다. 특히 일병으로 진급하고 나면, 기쁜 소식을 여기저기 알리기도 한다. 계급의 차이를 잘 이해하지 못하는 여자 친구에게도 전화를 걸어 자랑한다. "나 내일 일병 단다. 내일부터는 이병이 아니고 어엿한 일병이니까, 앞으로는 편지 쓸 때 일병이라고 써야 돼. 알았지?"와 같이 들뜬 기분으로 하루를 보낸다.

군대에서 이등병에서 일병으로의 진급은 각별한 의미가 있다. 일병이 되었다는 것은 단지 계급장을 하나 더 다는 것이 아니라,

이제는 어느 정도 군 생활의 경륜을 인정받는데 그 의미가 있다. 그리고 군대생활에 적응이 되어 약간의 여유를 찾을 수 있는 계급이기도 하다. 그렇지만 일병이란 계급은 이제 군 생활의 시작에 불과하다. 후임 몇 명 있다고 어려운 생활이 다 지나간 것은 아니다.

군에서는 일병 때 부여되는 임무가 가장 많다고 보면 된다. 일병이 되면 부대가 어떻게 돌아가는지도 알고, 웬만한 일을 맡겨도 잘 해낼 수 있는 계급 중의 막내이기 때문이다. 따라서 일병 때는 솔선수범하면서 더 많은 것을 배우는 자세로 생활해야 한다. 이때 잘 배워놔야 상병이 되어서 후임들을 잘 이끌어 갈 수 있다.

또한, 선임들에게도 잘해야 한다. 후임들은 선임들이 하는 것을 보고 배운다. 계급이 낮을 때 요령을 피우면서 군 생활을 편하게 한 사람은, 선임병이 되면 후임병들이 대우를 제대로 해주지 않는다. 그리고 친하다고 해서 선임 앞에서 자세를 흐트리거나 경례를 하지 않는 등의 행동도 금지대상이다. 선임들이 하는 말을 무시해서도 안 된다. 이러한 행동은 스스로 군 생활을 힘들게 만들고, 시간이 지나면서 주변에 사람들이 없어지게 된다. 가끔 자신은 군인답지 못하면서 선임의 꾸중만을 불평하는 병사들도 있다. 자신의 잘못은 생각하지 않고 다른 사람의 잘못만을 탓하는 것이다. 세상의 모든 일이 아무런 원인 없이 이루어지는 것은 없다.

"지금 하고 있는 군 생활이 행복한가?"라고 물으면, 많은 병사들이 "그렇지 않다."라고 대답할 것이다. 나의 고통은 다른 사람의 그것보다 크게 보이고, 나의 기쁨은 다른 사람의 그것보다 작게 느껴지기 때문이다. 사람들은 다른 사람과 비교하면서 돈이 없어서, 직장이 좋지 못해서, 군대에 와 있어서, 통제를 많이 받아서 행복하지 않다고 말한다. 이러한 생각은 빨리 바꿀 필요가 있다.

'행복이란 주관적인 것'이어서, 다른 사람이 만들어 주는 것이 아니다. 내가 만들어 가는 것이다. 첩첩산중에서 맑은 공기를 마시면서 숨을 쉰다는 것, 사랑하는 가족이 있는 것, 건강한 몸으로 군 생활을 할 수 있는 것, 마음 편하게 이야기할 동기가 있다는 것 등과 같이 생각만 바꿔도 주변에서 행복을 쉽게 찾을 수 있다. 또한 사랑하는 마음을 가지면, '나를 힘들게 했던 조교도, 실수한다고 혼내던 선임도, 시킨 일을 제대로 못하는 후임'들로 인하여 스트레스를 받지 않을 수 있다.

처음부터 선임으로 생활하는 사람은 없다. 누구에게나 '후임병'인 시절이 있듯이, 이등병 기간만 잘 보내도 군 생활의 반은 한 것이다. 이러한 어려움을 극복하면서 점차 진정한 군인, 나아가 훌륭한 사회인으로 성장해 가는 것이다. 어렵더라도 극복해야 한다. 또한 자신을 지켜보고 있는 부모, 형제, 친구 등을 생각하면서 이겨내야 한다. 이 어려운 시기도 언젠가는 지나간다. 그리고 지나고 나면 모두 추억으로 남을 것이다.

5. 어려울 때는 도움을 청하라

군대는 전국 각지의 사람들이 모여 같은 공간에서 생활하는 곳이다. 군대에 온 대부분의 사람들은 20년 동안 제각각 다른 환경에서 살아왔다. 이러한 사람들이 모여 사는 곳에서 서로 간에 생각이 다른 것은 어찌 보면 당연하다. 20년을 한 집안에서 같이 살아온 형제들도 의견 차이로 싸움을 한다. 하물며 부모도, 자라온 지역도, 살아온 환경도 모두 다른 사람들을 모아놓은 군대는 소통이 잘 안될 수밖에 없다. 더구나 군대에 오고 싶어서 온 사람도 많지 않기에, 군대생활은 정도의 차이는 있어도 누구나 스트레스를 받기 마련이다. 이러한 스트레스를 해소하기 위해서는 땀을 흘릴 정도의 격렬한 운동, 충분한 휴식이나 명상, 취미생활 등과 같은 자신만의 스트레스 해소법을 찾아야 한다. 이것은 군 생활을 잘하기 위해서 꼭 필요하다.

그리고 군 생활하면서 정말로 어렵고 힘들 때는 주변 사람들에게 도움을 청하는 것이 중요하다. 다른 사람에게 말하기 어렵다면, 가장 편한 동기에게 말하기를 권한다. 믿을 만한 선임이나 분대장을 찾아가 자신의 처지를 솔직하게 이야기하는 것도 좋다. 어려움을 이야기하면 그것에 대한 해결 방법은 반드시 찾을 수 있다. 많은 사람들이 다른 사람에게 자신의 감정을 표현하는 것이 어렵다고 말한다. 계급사회인 군대에서는 더더욱 감정 표현이 어려울 수 있다. 하지만 자신의 어려움을 말하지 않으면, 아무도 그러한 사실을 알지 못한다. 어려움이 있으면 표현해야 한다. 아무리 어려워도 일단 말하고 보는 거다. 그래야 해결책을 찾을 수 있다.

사람마다 잘할 수 있는 분야가 있고 그렇지 못한 분야가 있다. 기본적으로 열심히 생활을 하면서 어려운 분야가 있을 때는 이를 솔직하게 이야기하면 선임들도 다 이해한다. 군대에서는 어려운 병사가 있을 때, 동기, 분대장, 행정보급관, 소대장, 지휘관 등 도와줄 마음을 가지고 있는 사람들이 주변에 많이 있다. 도움을 요청하면 기꺼이 도와줄 것이다. 어려움이 있다면 주저하지 말고 말하는 것이 군 생활을 잘 하기 위한 또 하나의 방법인 것이다.

군에서는 어려움을 해결해 주는 다양한 제도도 마련되어 있다. 지휘계통을 통한 '면담', '마음의 편지'나 감찰계통의 '소원수리'도 있다. '병영생활 전문상담관 제도', '생명의 전화'를 이용하는 방법도 있다. 제도는 활용하라고 만들어 놓은 것이다. 이러한 제도를 적절하게 잘 활용하면 군대생활을 하는 데 큰 도움이 될 것이다. 군 생활이 힘들고 어려울 때 도움 받을 수 있는 방법을 소개하겠다.

1) 상담, 마음의 편지, 소원수리 제도

군 생활 중 가장 편하게 지낼 수 있는 사람이 동기들이다. 동기들은 서로 믿고 의지하면서 힘든 것도 함께 이겨낼 수 있는 관계이기 때문에, 병사들은 힘든 일이 생기면 동기들과 가장 먼저 상담한다고 한다. 군대생활이나 훈련을 받다 보면 한계에 다다를 때가 있다. 이럴 때마다 옆에서 이끌어 주고 함께하는 것이 동기들이다. 군 생활하면서 가장 힘이 되는 사람인 것이다. 군에 대한 부정적인 생각을 바꿔 주는 사람도 이들이다. 군 생활하면서 어려움이 있을 때는 동기들과 상담을 하는 것도 좋은 방법 중의 하나이다. 동기들은 같은 입장에서 조언해주고 고민을 해결할 수 있는 방법도 함께 찾아준다. 이러한 동기생들 간에 주고받는 따뜻한 마음은 군 생활을 하는 데 큰 힘이 된다.

지휘계통을 통하여 고충을 상담하는 방법도 있다. 선임병에게 부당한 대우를 받거나 가혹행위를 받았을 때도 지휘계통으로 상담을 건의할 수 있다. 지휘계통으로의 상담은 최초에는 분대장, 행정보급관 또는 소대장과 하는 것이 좋다. 그래도 자신의 의견이 조치되지 않으면, 중대장 또는 대대장과 상담을 할 수 있다. 상담은 요청하면 언제라도 가능하다.

분대장은 24시간 같이 생활하는 선임 전우로서 분대원에게 어려움이 생긴 것을 알게 되면, 이를 들어주고 해결하기 위해 노력한다. 분대원의 애로사항을 행정보급관이나 지휘계통으로 보고도 해준다. 소대장과 행정보급관은 병사들과 가장 가까운 곳에서 병사들의 어려움을 해결해 주는 간부이다. 선임병 중에는 간혹 심할 정도로 후임들을 대하는 경우도 있다. 이럴 때는 지휘계통으로 보고를 해야 한다. '보고하면 선임들에게 찍힌다'는 생각을 할 수도 있지만, 장난 수준을 넘어선 부당한 대우는 당연히 보고를 해서 조치 받아야 한다. 그래야 병영문화가 개선될 수 있다. 육군 규정상 폭언, 구타 및 가혹행위는 금지사항이다. 이를 위반하면 그에 따른 처벌을 받는다.

이와 같은 계통을 통해서도 해결이 안 되면 중대장, 대대장의 순서를 밟아 면담을 요청하면 된다. 지휘관은 고충이 있다는 내용을 접수받으면 이를 해결하기 위해서 노력한다. 가끔은 상관과 부하의 생각이 서로 달라 해결하는 방법이 상충되기도 하지만, 어떤 지휘관도 부하가 잘못되기를 바라지 않는다. 만약 1차 상급지휘관과 상담하여 해결되지 않으면, 포기하지 말고 2차 상급지휘관에게 면담을 요청하여 해결하려고 노력하는 것이 좋다. 두드리면 문은 열린다.

지휘관들은 해당 부대에 대한 모든 책임이 있으며, 적응을 하지 못하는 병사들에 대해 '어떻게 도움을 주어야 하나?'라는 고민을 많이 한다. 군 생활에 힘들어 하는 병사들은 당장 현실 앞에 있는 어려움만 눈에 보인다. 사면이 막힌 캄캄한 건물 안에 갇혀 공포를 느끼게 되면, 출구를 찾기가 어렵다. 어둡지만 출입문을 찾을 수 있음에도 불구하고, 작은 틈새의 빛만을 쫓아 그 곳만이 유일한 탈출구로 생각하여 허둥지둥 두꺼운 벽을 뚫으려고 한다. 궁지에 몰리면 정상적인 생각을 하기도 어렵다. 그러나 건물의 밖에 있는 사람은 '탈출구는 조그만 틈새가 아닌 출입문'이라는 것을 쉽게 알 수 있다. 이러한 문을 찾아 주는 것이 지휘관의 역할이다. 모든 지휘관들은 힘들고 어려워하는 부하들을 찾아 어려움을 해결하기 위해 노력한다. 한 명의 병사라도 더 새로운 모습으로 변모시키기 위해 노력하는 것이다. 다음 내용은 윤병은 병장(국방일보, 2011. 4. 9)과 전상무 대대장(국방일보, 2011. 3. 29)의 경험 사례이다.

① 윤병은 병장

한때 내가 최고로 바랐던 기적은 군대에서 벗어나는 것이었다. 하루라도 빨리 전역하고 싶은 마음뿐이었다. 대인기피 증세를 가진 내가 군에 입대하면서 악몽은 시작되었다. 성격이 활발하지 못하고 머리도 좋은 편이 아니었기에 선임들에게 오해를 사거나 꾸중을 듣는 일이 잦았다. 입대 전 살아온 환경과 너무도 다른 부대생활을 참고 견디며, 이겨내려 했지만 쉽지 않았다.

군대를 잘 몰랐기에 힘들게만 느껴지던 이등병 생활. 여기에 여자 친구의 결별 선언. 나의 돌파구는 어디에도 없는 것 같았다. 그래서 휴가를 나와 부대로 복귀하지 않았다. 그 결과 군 생활은 더욱 꼬여만 갔다. 나는 나를 포기했다. 이제 내 인생이 어떻게 되든 상관없다고 생각했다.

그런데 이상하게도 중대장과 분대원들은 나를 포기하지 않았다. 시간이 지나면서 주변 사람들의 따스함이 나의 마음을 녹이기 시작했다. 닫혀 있던 마음도 조금씩 열렸다. 그때부터 새로 입대한 기분으로 군 생활을 하기 시작했다. 군 생활을 잘 하기 위해서는 체력이 필요함을 느끼고 체력단련부터 하기로 마음먹었다. 체력단련을 시작한지 2개월이 지나자 체중도 10kg이나 줄었다. 운동을 하면서 군 생활에 대한 의욕도 생겼다. 그래서 공부를 하기 시작했고 6개월 동안 자격증 두 개를 획득했다.

얼마 있으면 전역을 하게 된다. 하지만 지금도 이런 생각을 한다. '군대에 오지 않았다면, 지금 어떤 삶을 살고 있을까?' 나는 지금까지 살아오면서 주변의 환경만을 탓하며 생활했다. 그러나 주변 상황이 변한들 내 자신이 변하지 않는다면 그 결과는 언제나 똑같을 수밖에 없다. 그것을 군대 와서 알았다. 내가 기대하던 기적은 내 자신이 변하는 것이었다. 군대는 나에게 기적을 만들어 주었다.

② 전상무 대대장

새로 전입 온 B이병은 말이 없고 내성적인 성격이었다. 체력도 약했다. 부모의 갈등으로 방황의 길로 접어들었다. 입대 전에는 인터넷 중독 증상, 집단 따돌림 등으로 자살을 시도한 경험도 두 차례나 있었다. 군에 와서도 힘든 일이 있을 때마다 '자살'이라는 말을 쓰기도 했다. 이에 J대대장은 B이병의 고충을 전 대대원에게 알리며 모든 병사들에게 도움을 청했다. 또 군종병을 멘토로 지정하고 '3인조 행동'을 하도록 했다. 군종병과 멘토 병사는 체력단련을 함께하며 많은 이야기를 나누었다.

반응을 보이지 않던 B이병은 시간이 지나면서 변하기 시작했다. 점차 활발한 성격으로 변했고, 자신감을 가지는 모습을 볼 수 있었다. 멘토의 도움으로 전역 전까지 환경관리사 등 2개의 기술자격증을 취득하기도 하였다.

전역 후 B이병의 어머니에게서 편지를 받았다. "군대 가기 전에는 B가 대한민국에서 태어난 것이 불운인가 했는데, 전역 후 생각이 바뀌기 시작했습니다. 앞으로 우리 아이가 세상을 살아가면서 군 생활 경험을 밑천으로 큰 어려움도 잘 견디고 이겨 나갈 수 있을 것이라 믿습니다. 감사합니다."

이와 같이 지휘관은 부하가 힘들어 할 때 두 손을 내밀어 잡아 주는 역할을 한다. 항상 그 마음을 갖고 있는 것이 지휘관이다.

"아프면 아프다고 말해라." 이것이 군 생활을 힘들어하는 병사들에게 필자가 하고 싶은 말이다. 2002년 월드컵에서 한국대표팀이 이루어낸 4강의 신화도 꿈이 현실로 변한 것이다. '꿈은 이루어진다.'고 했듯이, 병사들이 자기 능력을 제대로 발휘할 수 있도록 여건과 꿈을 만들어 주는 역할을 하는 것 또한 지휘관이다.

지휘계통을 통하여 상담을 받는 방법 이외에, 지휘관에게 '마음의 편지'나 감찰계통의 '소원수리'를 제출하는 제도도 있다. '마음의 편지'는 지휘관들이 병사들의 애로사항을 확인하기 위하여 무기명으로 접수 받는 편지이다. 정해진 접수기간은 없으며, 필요할 때 수시로 접수를 받는다. '마음의 편지'를 수렴하는 편지함도 부대 곳곳에 비치되어 있다. '마음의 편지'에 애로사항을 적으면 주변의 동료들에게 알려질 것을 걱정하여 적지 않는 병사들도 있다. 그러나 접수 내용은 개인비밀을 철저하게 보장한다.

또한, 부대생활 중에서 어려움이 생기면 해당 부대 지휘관을 통해서 하는 것이 가장 좋다. 감찰이나 외부기관에 소원수리를 제출해서 해결하는 방법도 있지만, 최종적인 해결은 해당 부대 지휘관이 하기 때문이다.

2) 병영생활 전문상담관제도와 생명의 전화

사람들은 자신의 마음을 적게 노출하려는 경향이 있다. 그래서 가까운 동료보다는 비행기나 술집에서 처음 만난 사람에게 자신의 솔직한 심정을 말하기가 더 쉽다고 한다. 자기 자신이 노출될 위험이 적기 때문이다. 같은 맥락으로 군에서도 자신의 문제를 지휘관에게 말하면, 모두 알려진다고 생각하고 어려움을 이야기 하지 않으려는 경향이 있다. 또한, 지휘관은 항상 올바른 길로 인도하고, 교육훈련 등 군 기강을 강조하다 보니 병사들이 동질감을 적게 느낄 수도 있다.

이렇다보니 요즘은 자신의 비밀이 유지되는 병영생활 전문상담관을 찾는 경우가 많아진다고 한다. 상담관은 잘 모르는 사람이고, 자신에 대한 기대도 없는 사람이기 때문에 속에 있는 이야기를 쉽게 할 수 있다고 한다. 이를 위해 도입된 제도가 '병영생활 전문상담관제도'와 '국군 생명의 전화'이다. 이 제도는 군의 병영문화를 개선하고, 병영 내 비전투 손실로 인한 장병의 사기 저하와 지휘관들의 부담을 해소하기 위하여 도입하게 되었다.

① 병영생활 전문상담관제도

전문상담관 제도는 2005년 7월 1일부터 시험운용을 시작하여, 2012년도에는 전군에 150여 명의 전문상담관을 배치하고 있다. 사단별 2~3명이 활동하고 있으며, 매년 상담인력을 증가시키고 있다.

병영생활 전문상담관 제도는 민간 전문상담관을 활용하여 장병들이 겪고 있는 고민 해결과 정신적인 안정에 도움을 주어 군대 내에서 사고를 예방하기 위하여 도입된 제도다. 이들의 임무는 복무 부적응 장병의 식별과 관리, 관심과 사랑이 필요한 장병에 대한 방문상담, 전문상담에 대한 지휘 조언, 간부 및 상담병사에 대한 상담능력 향상 교육 등이다. 이를 위해 육군에서는 대대급 이상 부대에 전문상담실을 별도로 설치하여 운용하고 있다. 그리고 언제라도 상담신청이 가능하도록 사단 내 상담전화(군 전화, 일반전화), 인트라넷 홈페이지에 상담실 코너 설치, 전문상담관 인터넷 이메일 및 휴대전화 등을 운영하고 있다. 상담은 전화나 메일로 요청하면 언제라도 전문상담관과 면담이 가능하다.

이러한 전문상담관은 군 경력자와 민간경력자로 구분하여 선발하고 있다. 자격요건은 상담 및 사회복지 관련학과 학사학위 이상 학력요건을 갖추어야 하며, 청소년 상담사, 상담심리사, 정신보건임상심리사, 전문상담사, 사회복지사, 전문상담교사 등과 관련된 자격증도 보유하고 있어야 한다. 군 경력자는 10년 이상의 군 경력이 필요하고, 민간경력자는 3년 이상의 상담경험이 있어야 선발이 가능하다. 또한, 상담관으로 배치되기 전에 2~4주간의 군대문화 및 특성 등에 대한 교육을 받아 군에 대한 전문상담능력을 갖추고 있다. 휴일에도 탄력근무제를 적용하여 병사들이 언제라도 상담할 수 있도록 하고 있다.

2009년 김영태와 이현엽의 「병영생활 전문상담관 제도의 효과성 분석 및 발전방안 탐색」 조사에 의하면, 전문상담관들의 활동은 긍정적인 것으로 평가되었다. 상담을 받은 경험이 있는 병사 300명을 대상으로 설문조사를 한 결과, 이병과 일병의 상담비율이 67%로, 계급이 낮은 병사들이 상담을 많이 받는 것으로 나타났다. 또한 전문상담관들은 상담관련 지식이 풍부하며, 필요로 할 때 대체로 방문을 잘 해주고, 상담할 때는 집중하여 듣고 상담을 잘 해주고 있다고 답변했다. 상담 이후에는 스트레스가 현저하게 감소되었다는 의견도 상당수에 달했다.

　이러한 조사결과를 볼 때, 전문상담관 제도는 병사들이 부대
생활의 부적응 해소 및 심리적 안정에 많은 도움을 주고 있다.
이렇게 전문상담관은 상담기법이나 인성파악 도구 등을 통해 부
대 간부들이 식별하기 어려운 부분까지 찾아내어 도움을 주고
있어, 지휘관의 부담도 상당부분 덜어주고 있다고 한다. 다음 내
용은 국방일보(2009. 9. 12)에서 인용한 김종진 병장의 사례이다.

　전역을 앞두고 군 생활을 돌아보니 뿌듯함보다는 아쉬움이 남는다. 그
건 아마도 지난 시간들이 내 이기심과 의지박약, 열외의식들로 얼룩졌기
때문일 것이다. 내 곁을 지켜준 많은 이들이 없었다면, 나는 지금 이 자
리에 서지 못했으리라. 과체중에 운동신경마저 둔한 나로서는 각종 교육
훈련이 너무 힘들었다. 그러나 나 자신을 변화시키려 하기보다는 군 조
직의 특수성에 불만을 갖고, 이런저런 핑계를 대며 열외하기 일쑤였다.
내가 잘못된 모든 것을 다른 사람의 탓으로 돌리고 있었던 것이다.
　그러다가 전문상담관을 찾아 면담을 하게 되었다. 수차례의 상담을
통하여 내가 잘못 살아가고 있음을 깨닫게 되었다. 지금까지 보지 못했
던 내 자신의 모습을 볼 수 있었다. 그때부터 나는 아주 조금씩 변해가
기 시작했다. 이후 많은 반성의 시간을 가졌다. 상대방의 입장을 생각하
려는 노력도 했다. 점차 전우들과의 관계도 좋아지는 것을 느낄 수 있었
다. 운동을 하면서 체력도 늘고, 군 생활과 나의 생각도 점차 긍정적으
로 바뀌어 갔다. 놀라운 일이다. 이제 전역이 얼마 남지 않았다. 나는
남은 군 생활을 누구보다도 더 잘할 자신이 있고, 또 그렇게 할 것이다.

② '국군 생명의 전화' 운영

호주의 알렌 워커 목사는 1962년 어느 토요일 밤, 늦은 시간에 로이 브라운이라는 청년으로부터 전화를 받았다. 38살이었던 청년은 많은 빚을 지고 깊은 절망에 빠져 있었고, 자신의 앞날이 막막한 나머지 누군가에게 도움을 청하고자 워커 목사에게 전화를 한 것이다. 30분간 워커 목사의 설득에도 불구하고, 로이 브라운은 끝내 자살을 하고 말았다. 한 생명의 죽음에 충격을 받은 워커 목사는, 이럴 때 '전문상담원이 전화를 받으면, 도움을 줄 수 있다'는 생각을 하게 되었다. 이러한 생각은 여러 사람의 노력과 도움으로 1963년 3월 16일 전 세계에서 처음으로 '생명의 전화(Life Line)'라는 이름으로 전화를 개통하게 되었다고 한다.

한국에서는 1976년 9월 1일 '도움은 전화처럼 가까운 곳에'라는 표어를 걸고 '서울 생명의 전화'가 개통되었고, 지금은 전국적으로 19개 지역의 지역별로 생명의 전화 센터가 운영되고 있다.

군에서는 2008년 3월 1일부터 '육군 생명의 전화'를 개설하여, 전화 및 사이버 상담 서비스를 제공하기 시작하였다. 이후 2012년부터는 국방부 및 육·해·공군이 이용할 수 있는 '국군 생명의 전화'로 확대하여 운영하고 있다. 이 전화는 장병들의 개인 신상 문제, 고충처리, 복무 부적응에 대한 해결에 도움을 주고 있다.

'국군 생명의 전화'는 전문상담관들에 의해 365일 24시간 운용된다. 상담방법은 전화, 인터넷 및 인트라넷 사이버 상담서비스 등 다양하게 이루어진다. 전화번호는 '영원한 친구'의 의미를 담은 '0179'이다.

ㄱ. 일반전화 : 080-007-0179, 080-007-9191
ㄴ. 군 전 화 : 900-0179(국방부), 960-0179(육군)

아래 내용은 '육군 생명의 전화'에서 상담을 받았던 E상병의 후기를 인용한 것이다.

훈련소나 화장실에서 붙어 있는 생명의 전화를 보면서 '사람 사는 군대에서 뭐 저런 게 필요할까?'라는 생각을 했었습니다. 처음 자대배치를 받고 나서 정신적으로 너무 힘들었지만, 내 속에 있는 이야기를 같이 나눌만한 사람이 주변에 없었습니다. 세상의 사람들은 나름의 고민을 하나씩 안고 살아가는 것 같습니다. 저 또한 크나큰 절망감과 가족에게 조차 기댈 곳이 없었던 때가 있었습니다. 그러던 중 별로 큰 기대 없이 접한 것이 훈련소에서 보았던 '생명의 전화'였습니다. 반신반의하는 마음으로 인터넷으로 처음 글을 올렸습니다. 어차피 익명이니 속에 담아두었던 생각과 감정들을 글로 올렸습니다.

그런데 상담관님들의 체계적인 상담과 답변을 보며 얼마나 많은 의지가 되고 도움이 되었는지 모릅니다. 일단 속에 있는 것을 털어놓는 것만으로도, 누군가 내 이야기를 들어주는 사람이 있다는 것만으로도 큰 힘이 되었습니다. 여러 가지 어려운 문제를 상담하고 나니, 막막한 현실과 맞설 의지가 생기기 시작했습니다.

감정은 냄비 안에 부글부글 끓고 있는 국물과 같아서 자주 뚜껑을 열어주면 넘치지 않는데, 상담을 통해서 이러한 욕구불만, 스트레스 등이 넘치지 않도록 배우게 됩니다. 그렇게 하고 나면, 억눌린 자존감을 회복하여 주변의 스트레스 유발요인에 더 의연하게 대처할 수 있게 됩니다. 인간관계를 위해서 감정을 일부러 억눌러야 하는 경우가 많이 생기는데, 거부감 없이 적절하게 대처할 수 있게 됩니다. 지금은 상병이고 부대에서 잘 적응하여, 포상휴가도 몇 번 다녀왔답니다.

사람은 누구나 살면서 몇 번의 어려움을 겪는다. 하지만 어려움에 대처하는 방식은 사람마다 다르다. 그것을 회피하는 사람도 있고, 표현을 하지 않으면서 혼자서 견디는 사람도 있고, 적극적으로 어려움을 극복하기 위해 노력하는 사람도 있다.

어려움을 극복하는 방식 중에서 어떤 것을 선택하느냐에 따라 자신의 인생은 달라질 수 있다. 역경이 찾아왔을 때 가만히 앉아서 그것이 어렵다는 생각만을 하는 것은 매우 쉬운 일이다. 대부분의 사람들이 살면서 한 번은 경험을 해 보았을 것이다. 이럴 때는 이제 모든 일이 끝났고, 남은 것은 아무것도 없다는 느낌을 받기도 한다. 그러나 아무리 중요한 일도 시간이 지나고 나면 사소한 일이 될 수 있다. 지금 이 순간에 하지 못하거나 잘못한 일 때문에 너무 괴로워할 필요는 없다. 이런 일도 6개월이나 1년 뒤에 그것을 돌이켜보면 별일 아닐 수 있다.

인생은 오늘 하루에 결정 되는 것이 아니다. 인생은 신이 우리에게 준 선물이기 때문에 삶을 포기하는 것을 우리가 선택할 수 있는 것이 아니다. 군 생활이 힘들다고 포기할 이유가 없다는 뜻이다. 군대생활을 하면서 마주치는 어려움을 극복하는 것이 쉽지만은 않겠지만, 지금의 힘들고 어려운 상황도 모두 지나간다. 참고 기다릴 줄 아는 지혜가 필요한 시기이다.

6. 여자 친구와 헤어지면서 얻는 것

　많은 세월을 같이 했던 남자 친구가 입대를 할 때, 대부분의 여자 친구들은 "기다릴게!"라고 말한다고 한다. 그러면서 속으로는 울음을 터트린다. 어쩔 수 없는 현실과 자신의 처지를 생각하면 남자친구가 미운 것이다. 남자친구를 군에 보내고 나면, 처음에는 보고 싶다는 생각으로 또다시 많은 눈물을 흘린다. 남자 친구의 군 입대는 텔레비전 드라마와 같이 로맨틱하지도 않다. 같이 있을 때 모든 것을 챙겨주던 그 사람이 떠나고 나니 아무 것도 할 수가 없다. 남자친구의 빈자리가 생각보다 크다는 것을 느끼게 된다.

　입대 후 한 달이 지난다. 남자 친구가 군에 간지 얼마 되지도 않았는데 무척이나 보고 싶다. 밥을 먹을 때도, 같이 듣던 음악이 나올 때도, 친구들이 남자친구와 같이 걸어가는 모습을 볼 때도, 잠들기 전에도 생각을 한다. '남자친구는 지금 무엇을 하고 있을까?'라는 생각을 하며, 낯선 환경에 적응해야 하는 남자 친구가 걱정도 된다. 목소리만이라도 듣고 싶다. 써보지도 않았던 편지도 쓰게 된다. 면회를 기다리면서 하루하루를 애타는 마음으로 보낸다.

남자친구가 군에 가고 나면, 여자 친구는 군대에 대해서도 알기 시작한다고 한다. 일병이 아닌 이등병이 가장 낮은 계급인 것도 알게 된다. 2년 동안 그냥 군대에 있다가 오는 줄만 알았는데, 지금은 군대 생활이 얼마나 힘든지도 안다. 전에는 군인은 오빠도 아저씨도 아닌 그냥 군인이었다. 그러나 지금은 군인만 보아도 반갑다.

그러나 '몸이 멀어지면, 마음도 멀어 진다'는 말과 같이, 시간이 지나면서 생각도 바뀐다. 떨어져 있는 기간이 길어질수록 혼자 있는 생활에도 익숙해진다. 남자 친구의 전화도 뜸해지는 것 같은 느낌을 받는다. 다른 친구들이 남자친구와 즐거운 시간을 보내는 모습이 부럽기도 하다. 이러면서 여자 친구는 새로운 고민을 하게 된다고 한다. 힘들고 외로울 때 기댈 수 있는 남자 친구가 필요하다는 생각도 생긴다. 군에 가 있는 지금 남자친구와의 미래도 불투명하다. 이렇게 생각이 바뀌면서 여자 친구의 마음은 자연스럽게 멀어져 간다고 한다.

남자 친구도 처음에는 너무 보고 싶고, 목소리도 듣고 싶어 자주 전화도 하고 편지도 쓴다. 이등병, 일병 때는 군 생활이 무척 바쁜 것이 사실이다. 전화를 거는 횟수가 줄어들게 마련이다. 여자 친구는 "훈련 때문에 바빠서 전화를 못했다."고 하더라도 이해를 해주지 않는다. 여자들은 군대를 잘 모르기 때문이다. 이 시기가 대략 일병 말에서 상병 초 정도가 되는 것 같다.

병사들에게 가장 큰 고민과 고통으로 다가오는 것이 여자 친구와 헤어지는 일이다. 병사들 사이에서는 '일말상초(一末上初)'라는 말이 있다. 일병 말년에서 상병 초반이면 대부분 여자 친구와 헤어진다는 의미다. 여자 친구와 헤어지고 나면, 처음에는 세상이 다 무너지는 것 같고, 가슴이 답답하며 죽고 싶은 마음도 든다고 한다. 병사들이 여자 친구와 헤어진 것에서 마음을 잡는데, 적게는 1개월에서 많게는 6개월까지 걸리는 것 같다. '시간이 약'이라는 말이 있듯이 시간이 지나야 해결되는 것이다.

필자의 경험으로 볼 때, 일말상초 시기에 여자 친구와 헤어지는 비율이 90% 이상인 것 같다. 그래서 대대장 시절 새로 전입 오는 신병들과 면담을 하면 다음과 같은 말을 하곤 했다.

"여자 친구 있니? 얼마나 사귀었지? 전역할 때까지 기다린다고 하지?"

"예! 기다린다고 했습니다. 다른 사람은 몰라도 제 여자 친구는 기다립니다. 확신합니다."

"그래. 대대장도 그랬으면 좋겠다. 헤어지지 않으면 그만큼 좋을 것이고, 네가 군 생활하는 데 많은 활력소가 될 수 있으니 꼭 그렇게 되었으면 좋겠다. 그런데, 있잖니? 세상을 살아가는데 통계라는 것이 있다. 대대장이 지금까지 군 생활하면서 이렇게 만났던 병사들만 해도 2천여 명 이상이 되는 것 같다. 그런데 정확한 통계는 없지만, 대략 일말상초에 여자 친구와 90% 이상 헤어지는 것 같다. 그 병사들도 처음 자대 전입을 할 때는 네가 하는 말과 똑같이 했었지."

"제 여자 친구는 절대로 그러지 않을 겁니다."

"그래도 혹시 여자 친구와 연락이 안 되거나, 여자 친구가 헤어지자는 말을 하더라도 너무 힘들어 하지 않기를 바란다. 많은 선배들이 겪은 것이고, 너도 군대 들어와서 여자 친구를 시험해 볼 수 있는 기회를 가진 것뿐이니까."

통계 수치가 90%라는 것은 그 범주에 포함될 가능성이 매우 높다는 것을 의미한다. 여자 친구와 헤어지지 않는 병사들보다 헤어지는 병사가 훨씬 많은 것이다. 그렇지만 헤어지는 비율에 자신이 포함되더라도 실망할 필요는 없을 것 같다. 나만 헤어지는 것이 아니고, 대다수의 병사들이 여기에 해당되기 때문이다.

군에서는 여자 친구가 떠나간다 해도 어떻게 할 수 있는 방법이 많지 않다. 그래서 가끔은 탈영을 하는 병사들도 있다. 이미 여자 친구의 마음이 떠났기 때문에, 탈영을 한다고 해서 떠난 여자 친구가 다시 돌아오는 것은 아니다. 이럴 때는 군대에 와 있음으로 해서 여자 친구를 시험할 수 있는 기회라고 생각하는 것이 좋을 것 같다.

버스는 가고 나면 다음 버스가 온다. 오늘 막차가 가고 나면, 내일 새벽 첫차가 오기 마련이다. 지구의 반은 여성이고, 지구의 반은 남성이다. 군대에 와 있다고 여자 친구가 떠난 것이 아니라, 여자 친구의 마음이 변해서 떠난 것이다. 따라서 여자 친구와 헤어진 것으로 인하여, 방황을 하면 할수록 결국 후회만 남게 된다.

지금 헤어진다고 하더라도 서로의 믿음이 남아 있다면 전역 후에 다시 만날 수도 있다. 전역하고 나서 더 좋은 사람을 만날 수도 있다. 세상에는 여자가 하나만 있는 것이 아니다. 이 여자를 떠나보내는 것은 전역하고 나서 더 좋은 사람을 만나기 위한 것이라고 생각을 하면 조금은 위안이 될 것이다. 오히려 인생에서 잘 된 일이라고 생각할 수도 있다. 군대에서 전역을 하고 나면 세상도 변해 있을 것이고, 자신의 생각도 바뀌어 있을 것이다.

여자 친구와 헤어진 병사를 지켜보는 지휘관의 마음 역시 아프다. 지휘관들은 여자 친구와 헤어져 힘들어 하는 병사들에게 '어떻게 도움을 주어야 하나?'라는 생각을 많이 한다.

여자 친구와 헤어져 정말로 힘들거나 도움이 필요할 때는 주변의 전우들이나 중대장 또는 대대장을 찾아가 면담을 하는 것이 좋다. 비슷한 경험을 한 전우들의 경험담을 듣는 것도 도움이 된다. 만약 여자 친구 문제로 휴가가 필요할 때는 건의를 하여 조치를 받도록 하자. 그리고 휴가를 가서 자신의 생각대로 일이 잘 풀리지 않더라도, 반드시 부대로 복귀를 해야 한다. 여자 친구가 군 생활에서 많은 부분을 차지하기는 하지만, 자기 자신보다 더 중요할 수는 없기 때문이다.

대니얼 고틀립은 『샘에게 보내는 편지』에서 '우리는 정들었던 모든 것과 결국은 헤어지게 되어 있다. 우리가 가진 물건, 사랑하는 사람들, 젊음과 건강까지도. 이별할 때마다 가슴에 생기는 구멍이 얼마나 크고 깊은지. 하지만 이별은 기회이기도 하다. 성장의 모든 단계에는 이별과 상실의 아픔이 따르는 법이다. 잃는 것이 없으면 얻는 것도 없다. 좋은 감정도, 나쁜 감정도, 슬픔도 모두 다 왔다가 가는 것이다. 변화는 누구에게나 힘든 일이다. 변화는 곧 상실을 의미하기 때문이다. 변화는 이별을 의미하지만, 이별은 새로운 만남의 시작이기도 하다.'고 하였듯이, 지금의 이별은 새로운 만남을 위한 것이다.

여자 친구와 헤어지고 나면 '군대에서 내가 얻은 것은 여자 친구와의 이별' 뿐이라는 생각을 하는 사람이 있지만, 군에서는 새롭게 귀중한 사람을 얻게 된다. 평생 잊을 수 없는 전우들이다.

7. 자대의 하루일과와 훈련

1) 자대의 일과

자대의 하루일과도 훈련소와 크게 다르지 않다. 기상과 아침식사, 오전 및 오후과업, 자율활동시간 등으로 이루어진다. 훈련소에서는 과업시간이 곧 훈련시간이다. 하지만 자대에서는 과업시간에 주특기 업무를 수행한다. 자율활동시간에는 훈련소와 다르게 통제가 많지 않다. 과업은 하루일과 중 많은 부분을 차지한다. 보병은 교육훈련, 통신가설병은 통신선로 가설, 보급병은 보급품을 수령 및 보급하는 업무가 된다. 주특기나 부대 임무특성에 따라 일부 병사들은 야간에 과업을 수행하기도 한다. 이러한 병사들은 주간에 취침을 하게 된다.

보병의 주특기 과업은 교육훈련이다. 그렇다고 매일 훈련만 할까? 그렇지 않다. 평상시에는 훈련준비도 하고, 개인 주특기 숙달훈련, 필요한 작업 등을 하게 된다. 훈련은 성격에 따라 다른데 짧게는 하루, 길게는 1주일 이상을 하는 훈련도 있다. 훈련

136

때는 일과의 시작이나 종료가 없다. 따라서 개인시간이 없고 하루 종일 훈련만 하게 된다. 훈련은 연간 계획을 세워서 실시하며, 훈련을 하기 위한 준비, 예행연습 등을 하기 때문에 거의 모든 일과가 훈련과 관련되어 있다. 그러나 훈련이 없을 때는 부대 보급로 정비, 제초작업, 진지공사, 월동준비 등 다양한 작업도 한다. 또한, 겨울을 대비하여 높은 고지를 오르는 곳에 적사장 설치나 순찰로 계단에 안전로프 설치 등 동계작전 준비도 한다.

겨울철에는 눈이 내리면 시간대별로 치워야 한다. 항상 작전이 가능한 상태로 도로나 연병장을 유지해야 하기 때문이다. 따라서 군인들이 싫어하는 것 중의 하나가 눈이 오는 것이다. 같은 눈이지만 스키장과 군대에서 느끼는 감정은 사뭇 다르다. 입대 전에는 눈 내리는 것이 낭만적이었다. 크리스마스 때는 화이트 크리스마스를 간절하게 바라기도 했었다. 입대 후에도 첫눈을 바라보는 이등병의 눈에는 여자 친구와의 즐거웠던 기억을 생각한다.

그러나 그것도 잠시다. 아침 일찍부터 밤늦게까지 쌓인 눈을 치우다 보면 생각이 달라진다. 요령을 피울 수도 없다. 다 같이 하는 일이고 힘들다고 혼자 쉴 수도 없다. 이렇게 하루 종일 눈과 한바탕 전쟁을 치르고 나면, 추억이고 뭐고 아무생각이 없다. 온몸이 쑤시고 아프다. 눈이 많은 겨울을 보내고 나면 제설작업으로 팔뚝에 알통이 생길 정도다. 기분 탓이겠지만, 부대에 쌓인 눈은 잘 녹지도 않는다. 그러니 눈을 바라보는 군인들의 시선은 곱지 않을 수밖에 없다. 크리스마스라고 다르지 않다. 무조건 눈이 오지 말아야 한다고 군인들은 기도한다. 누가 눈을 보고 낭만이라고 말했던가.

평일 자율활동시간에는 총기손질, 관물함 정리, 청소, 세탁 등을 하며, 남는 시간을 이용해서 운동을 할 수 있다. 이때는 시간이 많지 않은 관계로 간단하게 할 수 있는 운동을 주로 한다. 족구나 농구, 뜀걸음, 개인운동 등을 할 수도 있다. 체력단련실에는 역기, 아령, 벤치프레스 등의 운동기구도 갖추어져 있다.

이등병 때도 평일 날 자유시간에 개인운동을 할 수 있다. 하지만 모르는 것도 많고 할 일도 많아 마음 편하게 운동을 하기는 쉽지 않다. 일병 때도 바쁘기는 하지만 조금은 운동을 할 수 있는 여유를 찾을 수 있다. 개인운동은 상병 정도 되어야 자유롭게 할 수 있는 여건이 된다.

주말에는 종교활동과 부대활동을 위해 통제하는 시간을 제외하면 모두 개인시간이다. 이때는 주로 휴식을 취하거나 하고 싶은 운동을 한다. 동아리 활동, 체육활동, 개인정비를 하거나 사이버지식정보방을 이용한다. 또 군대에서는 토요일과 일요일에 단체운동을 하는 경우가 많다. 이때 주로 하는 것이 축구나 족구, 농구 등이다. 운동은 강제적으로 시키지는 않고, 희망하는 병사들 위주로 실시한다.

2) 유격훈련과 혹한기 훈련

유격이나 혹한기 훈련은 실제로 훈련이 어렵다기보다는 막연한 두려움을 먼저 느낀다. 훈련에 대한 경험이 없기 때문이다. 이 훈련은 모든 장병들이 열외 없이 받는다. 이런 관계로 병사들은 유격과 혹한기 훈련 전에 마음의 준비를 단단히 하고 각종 준비물도 챙긴다.

유격훈련 1단계는 체력단련, 2단계는 산악지형에서의 생존능력 향상 및 각종 장애물을 극복하는 훈련을 한다. 유격훈련에서 가장 힘든 것 중의 하나가 PT(Physical Training)체조다. 이 체조는 몸의 유연성을 기르기 위해 실시하는 것으로, 하나하나의 동작이 매우 힘들다. 특히 '온몸 비틀기' 체조는 가장 악명이 높다. 이 동작은 바닥에 누운 상태에서 팔은 벌리고 머리와 다리는 들되, 발을 모아서 시계추와 같이 좌우로 왔다 갔다 하는 것이다. 이 체조를 하면 목 근육이 강화되고, 뱃살이 남아나질 않는다.

또한, PT체조는 유격훈련을 받는 전 인원이 한꺼번에 같이 한다. 체조를 하면서 몇 회를 하는지 전원이 큰 소리로 횟수를 세어야 한다. 단, 마지막 횟수는 세지 말아야 한다. 만약 한 명이라도 마지막 횟수를 셀 때는, 체조 횟수는 배로 늘어난다. PT체조의 묘미는 여기에 있다. 많은 인원들이 함께하다 보니 매번 마지막 횟수를 외치는 사람이 나오게 마련이다. 이렇게 체조는 과업이 끝나는 시간까지 반복된다. 반면 산악장애물은 암벽 오르기, 외줄타기 등 다양한 코스로 구성되어 있어, 위험하기도 하지만 한편으로는 재미도 있다.

혹한기 훈련은 혹한상태에서 전술적인 훈련을 하는 것이다. 그러나 가장 추운 시기에 야외에서의 훈련은 추위와의 싸움이라고 해도 과언이 아니다. 게다가 얇은 천막 안에서 추운 겨울날 잠자는 것도 쉽지 않다. 그래서 잘 때는 보온대(핫 패드)와 뜨거운 물을 수통에 넣어서 품에 안고 자기도 한다. 아침에는 군화도 꽁 꽁 얼어 있어, 발이 잘 들어가지 않는 경우가 많다. 기상 후에는 상의를 탈의하고 뜀걸음도 한다. 추위를 이기는 훈련인 것이다.

혹한기 훈련 때는 라이터 형식의 주머니 난로나 물티슈를 준비하면, 유용하게 쓸 수 있다. 혹한기 훈련은 대부분 작전지역의 산속에서 하다 보니, 추위와 장시간 싸움을 하게 된다. 그 추위를 경험해 보지 않은 사람은 모른다. 훈련할 때는 1회용 보온대가 보급되기도 하지만, 주머니 난로는 이때 유용하게 사용할 수 있다. 물티슈는 훈련 중에 세척 대용품으로 유용하다. 겨울철의 산에서는 물을 구하기도 어렵다. 물이 있더라도 차가운 물이다. 영하 20도의 겨울에 발을 닦는다고 생각해보라. 정말로 춥고, 발도 얼어붙는다. 그렇다고 씻지 않으면 동상에 걸리기 쉽다. 이렇게 추울 때 간단하게 씻을 수 있는 제품이 물티슈다. 얼지 않도록 보관한 물티슈는 훌륭한 세척 대용품이다.

혹한 상태에서 훈련을 받다 보면 자칫 동상에 걸릴 수 있다. 부대에서는 동상에 걸리지 않도록 여러 가지 조치를 하지만, 본인 스스로 신경을 써야 한다. 동상이란 추운 환경에 노출된 신체부위의 조직에 손상이 발생하는 것을 말한다. 추운 환경에서 장기간 노출, 습도, 통풍, 기압, 신체의 의학적 상태 등이 동상의 원인이 된다. 인체는 추운 환경에 노출 되면, 신체의 중심체온을 유지하기 위해 반응을 하게 된다. 손가락 끝이 추운 환경에 장기간 노출된 경우, 몸은 중심체온을 유지하기 위해 차가워진 손가락 부위 혈관을 수축하게 된다. 혈관수축으로 손가락 부위는 손상을 입게 되는데, 이것이 동상의 원인이 되는 것이다.

동상의 가장 흔한 증상은 해당 부위에 감각이 떨어지는 것이다. 약한 동상은 피부의 색깔이 창백해지고 손상 부위의 불편함을 느끼는 단계이다. 증상이 심해지면 지속적으로 심한 통증이 발생되며, 저리는 증상, 수포 등이 발생되기도 한다.

동상 치료는 해당 부위의 혈액순환이 잘 되게 하고, 결빙된 세포를 풀어주는 것이다. 따라서 동상 증세가 있을 경우, 따뜻한 곳에서 모포 등을 이용하여 몸 전체를 감싸주면 효과가 있다. 전문의들은 38~42℃의 물에 20~40분간 담그는 것이 가장 좋다고 한다. 물집은 터트리지 않아야 하며, 동상 부위는 문지르면 얼음 결정이 세포를 파괴할 수 있기 때문에 문지르거나 마사지를 하지 말아야 한다. 그리고 동상이 심할 경우에는 즉각 병원으로 후송조치를 해야 한다.

동상예방을 위해 가장 중요한 것은 추운 외부환경으로부터 노출된 신체를 보호하는 것이다. 불가피하게 한 자세로 오래 있을 경우에는 혈액순환을 위해 발가락 등을 움직이거나, 체조 등으로 몸의 체온을 유지할 수 있도록 운동을 해야 한다. 젖은 피복은 마른 것으로 갈아입고, 양말이나 신발도 잘 건조된 것을 착용하는 것도 준수해야 할 사항이다.

유격이나 혹한기 훈련의 마지막은 행군이다. 훈련의 마지막 과정으로 행군을 하기 때문에, 병사들도 이 두 가지 훈련을 가장 부담스러워 한다. 여름에는 한낮의 뜨거운 열기와 끝나지 않을 것만 같은 어두운 밤을 걸어야 한다. 행군은 길고도 험난한 자신과의 싸움이다. 제대 후의 미래에 대한 생각, 친구들에 대한 생각, 부모에 대한 생각을 하며 묵묵히 밤길을 걷는다. 그러나 시간이 지나면서 점점 생각이 없어진다. 빨리 이 시간이 지나갔으면 하는 생각뿐이다. 이때쯤 되면, 앞 전우의 철모만을 바라보며 자신과의 싸움을 하게 된다. 멀리서 부대의 모습이 보이면서 힘겹던 행군도 끝이 보인다.

이와 같이 힘든 유격훈련과 혹한기 훈련, 장거리행군을 마치고 나면 해냈다는 성취감과 자신감을 갖게 된다. 일상의 사소함이 곧 행복이라는 것도 알게 된다.

이홍의 『창조 습관』에서는 '사람이든 동물이든 한계상황에 부딪치면 여기서 벗어나려는 강한 본능이 작동한다'고 하였다. 군대훈련은 아무리 힘들어도 멀쩡하게 살아서 돌아온다. 이러한 과정을 거쳐 입대 전보다 더 건강해진다. 사회에서 얻을 수 없는 경험도 하게 된다. 따라서 훈련에 대한 부담을 너무 가질 필요는 없다.

실제로 훈련을 한 병사들의 말을 들어 보면, 어떤 훈련이든 "할 만하다."고 한다. 그리고 경험이 없는 관계로 자대배치 후 첫 훈련이 가장 힘들다. 첫 번째 훈련만 잘하면 다음 훈련부터는 그리 어렵지 않을 것이다. 다음은 입대 후 처음으로 혹한기 훈련을 마친 이은철 이병의 소감을 국방일보(2012. 6. 15)에서 옮겼다.

처음이라는 것. 모두들 자신의 마음속에 처음이란 단어와 함께 떠오르는 것이 있을 것이다. 누군가는 잊을 수 없는 첫사랑을 떠올릴 것이고, 또 다른 누군가는 새로운 사람과의 첫 만남을 떠올릴 것이다. 군대는 처음이란 단어를 나의 마음속에 새롭게 새기게 한 곳이다. 나는 과연 내가 잘해낼 수 있을까? 하는 걱정 반, 기대 반의 심정으로 혹한기 훈련에 임하였다. 긴급한 상황이었기에 마음만 앞선 나머지 계속 실수를 했다.

　이렇게 군 생활이라는 것을 하고 있을 땐 그렇게도 힘들고 싫었는데, 전역하고 나면 모든 것이 추억이 된다고 한다. 가끔씩 그때를 생각하면 픽~! 웃음이 나오기도 한다.

8. 후임이 존경하는 선임

1) 상병이 되었을 때

이등병 때는 막연히 상병만 달아도 좋을 것 같다는 생각을 했었는데, 벌써 상병이란 계급을 달았다. 상병으로 진급하면 작대기 하나를 더 달았을 뿐인데 뭔가 멋있어 보이는 것 같다. 군 생활의 꽃은 부대에서 가장 많은 것을 관리하고 통제하는 위치인 상병 말 호봉이라고 한다. 일병 때까지는 시키는 대로 했지만, 상병이 되면 무엇이든 자유롭게 할 수 있다는 느낌도 받는다. 힘들었던 일병시절도 지났고, 군대생활이 어떤 것인지도 훤히 아는 계급이 된 것이다. 일·이등병 때보다 시간적 여유가 많아지기도 한다. 후임들도 여러 명 생기고 군 생활도 좀 편해지게 된다. 그렇지만 상병으로 진급을 한다는 것은 부대에 더 많은 관심을 가져야 함을 뜻한다.

부대 내에서 상병의 역할은 다음과 같다.

첫째, 모든 일에 참여해서 후임들을 잘 이끌어 주어야 한다. 상병 때는 후임들이 잘못을 하면, 선임으로부터 꾸중을 들을 수 있다. 이등병이나 일병들이 잘못을 하면, 병장들은 상병을 불러서 이야기 한다. 상병들이 후임들의 생활을 제대로 지도를 못해서 그런 것이라고 생각하기 때문이다.

경험자들은 상병이 되고 나면, 후임들에게 잘 해주겠다는 마음을 갖는다고 한다. 그러나 후임병의 계속된 잘못으로 선임에게 질책을 받으면 그런 마음이 변한다. '개구리 올챙이 적 생각 못한다'는 말이 현실로 되는 것이다. 병장들은 이등병이나 일병의 실수를 당사자들에게 직접 말하지 않는 경우가 많다. 이런 이유로 병장은 후임병들에게 좋은 이미지로 남는다. 반면 상병은 후임병의 실수를 수시로 지도해야 하므로 호감을 사기가 쉽지 않을 수 있다.

둘째, 실수를 하면 선·후임으로부터 정신적인 압박감을 받는다. 선임병은 "상병이나 돼서 이것도 못하니? 그래! 사람은 실수할 수 있어. 그러나 군인은 안 돼! 더구나 상병은 더더욱 안 돼!"라는 말을 듣는다. 반대로 후임병들의 시선도 의식하게 된다. 선임병인 상병이 실수를 한다는 것 자체가 자신의 이미지에 나쁜 영향을 줄 수 있다. 그래서 실수하지 않으려고 노력한다. 그만큼 행동이 조심스러워 지는 것이다.

셋째, 선임과 후임들에게도 잘 해야 한다. 후임들은 상병들의 모습을 지켜보고 있다. 후임들은 선임들이 하는 것을 보고 그대로 배운다. 후임들과 있을 때는 잘하지 못하면서 선임들에게만 잘하는 사람도 있다. 이런 사람들은 선임이 되면, 대우를 잘 받지 못할 수 있다.

상병은 선임들을 떠나보내면서 새로운 후임들을 받아들이는 계급이기도 하다. 또한, 군 생활의 반이 지났다는 것과 함께 아직도 많은 시간이 남아 있는 계급이다. "짬밥을 먹을수록 하루가 안 간다."는 선임의 말이 현실로 느껴지기도 한다.

그러나 상병을 달고 나면 왠지 우쭐해지는 것은 막을 수 없다고 한다. 부대에서 뿐만 아니라 외박을 나갔을 때는 더욱 그렇다. 상병이란 계급장이 주는 의미는 군 생활을 어느 정도 한 것이고, 군 생활도 알만큼 알기에 무엇인가를 이루었다는 자신감을 갖는다.

전방지역에서 큰 도시에는 휴일에 외박을 나온 군인들로 붐빈다. 일병까지는 외박을 나와서도 다른 군인들에게 별로 신경을 쓰지 않는다. 그러나 상병 때는 다른 군인들의 모습을 관찰할 여유도 생기게 된다. 그중에서 가장 먼저 보이는 것이 사단마크다. 다음으로 눈에 들어오는 것은 계급장이다. 계급장을 보면서 군 생활에 대한 평가도 하게 된다. 이등병을 보면, '이병! 아직 갈 길이 멀군. 고생 많겠다.'는 생각을 하며, 일병을 보면, '바쁜 계급이군. 그래 힘내라.'고 위로하는 마음이 드는 것이 사실이다. 병장을 보면, '제대할 때가 다 되었군. 몸조심하면서 부대에 있지, 무엇 하러 외박까지 나왔을까?'라는 생각을 하면서도 부러운 마음이 든다. 군인들의 습관인 것이다.

병사들 간에 농담으로 '병장'은 5대 장성 중의 하나라는 말도 있다. 준장, 소장, 중장, 대장과 더불어 병장이 있다는 것이다. 이와 같이 상병에서 병장으로의 진급은 병사의 계급 중에서 최고의 계급일 뿐만 아니라 전역하는 날이 가까워져 옴을 느끼게 한다. 병장으로의 진급은 계급장에 배터리가 꽉 차는 것과 같이 완숙해졌음을 의미한다. 병장으로 진급하면 그동안 할 수 없었던 것도 할 수 있게 된다. 새로운 즐거움이 생기는 것이다. 반면 잘못했을 때 용서를 바라기는 어렵다. 병장은 몰라서 못한 것이 아니기 때문이다.

또한, 병장이 되고 나면, 국방부 시계가 멈춰있는 느낌을 받는다. 하루하루가 지겹다는 생각을 하기도 한다. 전역이 점점 가까워져 오면 후임들이 잘 어울려 주지도 않는다. 달력을 자주 보는 습관도 생긴다. 전역할 날이 얼마나 남았는가를 보는 것이다.

이렇듯 병장은 군 생활을 마무리하는 단계로, 지금까지 자신이 쌓아 온 것을 완성하는 단계인 것이다.

이를 위해서 병장이 되고 나면

첫째, 지금까지 배운 것을 후임들에게 잘 가르쳐 주어야 한다. 생활관에서 전역하고 무엇을 할까만 고민하지 말고 자신의 군 생활 노하우를 후배들에게 알려 주어야 한다. '내가 고생했으니 너희들도 고생을 하라'는 것이 아니라, 후배들이 어려운 과정을 똑같이 겪지 않도록 그동안 기록해 두었던 내용을 보면서 후배들을 지도해 주어야 한다.

둘째, 군 생활에서 배울 수 있는 리더십을 경험하는 것이다. 병장이 되면, 대부분 분대장 직책을 수행한다. 분대장은 녹색견장을 달고 7~10명의 후임을 이끄는 리더이다. 책임감 있게 모든 일에 솔선수범하면서 사회에서 배울 수 없었던 많은 것을 배우는 것이다. 분대장은 조직의 운영과 사람을 다스리는 방법을 경험할 수 있는 좋은 기회이다. 바람직한 리더십의 역할과 다양한 위치에 있는 사람의 처지와 마음을 이해할 수 있는 직책이다.

셋째, 전역하면 무엇을 할 것인가를 생각하는 것이다. 여유시간을 활용하여 자신에게 필요한 공부도 조금씩 할 필요가 있다. 전역이 가까워 오면, 잠을 설치는 경우가 많다. 전역 후에 무엇을 해야 할 것인가를 고민하거나, 전우들과 헤어지는 것이 아쉽기 때문이다.

3) 훌륭한 선임병이 되려면

군은 계급에 의해 상하관계가 이루어진 조직이지만, 그 안에서도 인간에 대한 존중이 있다. 군에서는 선임병이나 분대장들은 임무수행을 위해 혹독한 훈련을 시킬 수 있다. 그러나 훈련이 끝나고 생활관에 오면 형과 같은 따스한 마음으로 후임병들을 대하는 자세가 필요하다. 이것이 진정으로 훌륭한 선임병인 것이다.

훌륭한 선임이 되기 위해서는

첫째, 후임들의 입장을 이해해 줄 수 있어야 한다. 선임과 후임의 입장에는 차이가 있을 수밖에 없다. 일·이등병들은 선임들에게 "선후임 서로 간에 입장 차이가 있는 것 같은데, 이것을 이해해 주었으면 좋겠다. 칭찬을 많이 해주었으면 좋겠다. 한 번 실수할 수도 있는데, 그것으로 선입견을 가지고 사람을 판단하지 말았으면 좋겠다."고 한다. 이와 같이 선임이 되고 나면 후임들의 입장을 이해해 줄 수 있어야 한다. 그러려면 상호간에 의사소통이 되어야 한다. 의사소통이란 말을 하는 것이 아니라 듣는 것에서부터 출발한다.

얼마 전 개그프로에서 의사소통에 관련된 내용이 방영된 적이 있다. 출연자 상대방이 어떤 말을 하던 "아~, 그랬구나."라고 3번을 대답해 주어야 한다. 그랬더니, 정말로 그 사람을 이해하기 시작하는 모습이 보였다. 정말로 의사소통이 되려면 "아~, 그랬구나."라고 상대방의 입장을 이해해 줄 수 있어야 하는 것이다.

전역한 선배들에 따르면, 의사소통이 되기 위해 필요한 것은 "가장 먼저 무전기의 원리와 같이 AM이나 FM과 같이 변조방식이 같아야 한다. 두 번째는 같은 주파수를 사용해야 하며, 같은 암호를 사용해야 한다."고 말한다. 이 말은 생활만 같이 한다고 의사소통이 자동적으로 되는 것이 아니고, 동일한 이슈를 가지고 대화를 하더라도 공감을 할 수 있어야만 진정한 의사소통이 된다는 것을 의미한다.

사람들은 자신이 알고 있는 것에 대해서는 그것을 모르는 사람들의 입장을 잘 이해하지 못하는 경향이 있다. 1990년 엘리자베스 뉴턴의 실험은 이를 증명하고 있다. 실험인원을 두 팀으로 나누었다. A그룹은 손가락으로 책상을 두드리면서 노래를 들려

주는 사람들이고, B그룹은 A그룹이 두드리는 노래를 듣고 제목을 맞추는 것이었다. 노래는 생일 축가, 동요, 국가 등의 쉽게 알 수 있는 25종이었다. A팀원들에게 "B팀 사람들이 노래를 몇 곡이나 맞출 것 같은가?"라고 질문했더니, "50% 정도는 될 것"이라고 대답했다. 그러나 실험결과는 의외였다. 25종의 노래를 무작위로 선정하여 120곡을 들려준 결과, B그룹이 노래 제목을 맞춘 것은 3곡에 불과했다. 2.5%만 맞춘 것이다. A그룹 사람들은 B그룹 사람이 노래 제목을 맞추지 못하는 것에 놀랐다고 한다. 이미 그 노래를 알고 손가락으로 책상을 곡에 맞추어 두드리는 사람들인 A그룹은 다른 사람들도 나와 같이 다 알 것이라고 생각하기 쉽다. 그러나 실험결과와 같이 모르는 경우가 거의 대부분이다.

군대생활도 마찬가지다. 군대생활에 경륜이 쌓여 병장이 되어 있는 자신도, 이등병 때는 모르는 것이 많았었다. 그러나 경륜이 쌓여 많은 것을 알고 나면 이등병 때 몰랐다는 사실을 잊기가 쉽다. 따라서 후임병들에게 "요즘 후임병들은 몰라도 너무 모른다."는 말을 하는 것이다. 그래서 "내가 이등병 때는….''라는 말도 나왔을 것이다.

세상을 살다보면 많은 사람들의 생각이 다름을 알 수 있다. 생각이 다르다 보니, 같은 현상을 놓고 생각하는 방향과 행동도 다를 수밖에 없다. 우리는 학교나 직장, 군대에서도 '자신의 생각만이 옳다'고 고집을 피우는 사람을 볼 수 있다. 이런 사람들은 자주 의견 충돌을 일으키는데, 다른 사람의 말을 잘 들으려 하지 않기 때문에 생기는 현상이다.

의사소통이란 상대방의 의견을 잘 들어주는 데 있다. 상대방의 의견을 듣지 않고 나의 생각만이 옳다고 주장하는 사람은 아집에 빠진 사람이다. 우리는 인생을 살면서 서로 다름을 인정해야 한다. 내가 상대방을 존중하는 만큼 상대방도 나를 존중해 준다는 것도 알아야 할 것이다.

둘째, 후임병들에게는 따뜻한 말 한 마디가 중요하다. 폭언과 욕설이 생물에 미치는 영향을 실험한 결과 성장에 큰 차이가 발생한다는 연구결과가 있다. '칭찬받지 못한 양파가 비뚤어지고 자라지 못하듯이, 내 말 한 마디가 전우에게 큰 상처를 줄 수 있을 것'이라는 생각을 해야 한다. 어떤 병사는 "인격모독을 줄 때, 나는 견딜 수 없었고 큰 모멸감과 수치심을 느꼈다. 진정어린 인간애를 느낄 수 있는 따뜻한 말 한 마디가 무척 그리웠다."고 말하기도 한다.

반면 힘든 군 생활에서 힘을 주는 격려와 위로의 한 마디는 후임들에게 감동을 준다. 하루일과를 마치고 났을 때, "A일병! 수고 많았다. 오늘 훈련 정말로 잘하더라. 보기 좋았어. 파이팅이다." 이런 말을 듣는 후임병은 그 선임병을 신뢰하게 된다.

전우애라는 것은 거창한 것이 아니다. 힘든 군 생활에서 서로 조그만 배려와 사랑하는 마음을 갖는 것, 그것이 전우애가 아닐까 생각한다. 후임들을 사랑으로 대하게 되면 그 사랑은 자신에게 더 큰 사랑이 되어 돌아옴을 느낄 것이다. 사랑은 내 마음속에 무엇인가 있어야 줄 수 있다. 내 마음속에 사랑이 있다면 사랑을 줄 것이고, 상처가 있다면 남에게 마음의 상처를 줄 것이다. "시집살이도 해 본 사람이 시킨다."는 말이 그냥 나온 것은 아닌 것 같다.

　육군훈련소 게시판에 있는 어느 네티즌의 글이다. 어느 마을에 화가 나면 말을 함부로 하는 소년이 있었다. 이에 소년의 아버지는 소년에게 화가 날 때마다 울타리 담벼락에 못을 박으라고 하였다. 얼마가 지나자 소년은 화를 참는 것이 울타리에 가서 못을 박는 것보다 쉽다는 것을 깨달았고, 자신의 변화에 대해 아버지에게 말을 하였다. 그러자 아버지는 다시 만약 네가 하루 종일 화를 내지 않았다면 담벼락의 못을 하나씩 뽑으라고 하였다. 다시 몇 주가 지나자, 소년은 "담벼락에 있는 못을 모두 뽑아냈다."고 아버지에게 말을 하였다. 그 말을 들은 아버지는 소년에게, "아들아! 하지만 구멍이 남아있어 처음의 담벼락 모습이 아니구나. 네가 다른 사람에게 화를 내고 함부로 말을 하면, 이와 같이 그 사람의 마음에 흔적이 남는단다."라고 하였다. 그러면서 "그리고 수십 번 사과를 한다고 해도, 그 상처는 영원히 남을 수밖에 없단다. 그러니 남에게 화를 내고 함부로 말을 해서 상처를 주지 않도록 해라. 남에게 주는 마음의 상처는 몸에 남는 상처와 다를 바가 없단다."라고 하였다. 글에 "모든 부모들의 마음 졸임과 애타는 마음을 아는 사람이라면 그렇게까지 안 할 것 같은데…."라는 댓글이 달렸다. 군대에서도 마음에 상처를 주는 말을 하는 선임이 아직도 간혹 있는 것 같다. 자기 자신을 다시 한 번 되돌아볼 수 있었으면 좋겠다.

　탄줘잉의 『살아있는 동안 꼭 해야 할 100가지』에서는 '살아 있는 동안 꼭 해야 할 일이 많다. 많은 사람들은 그 일을 하지 못해서 후회하는 경우보다는 사람들에게 잘해주지 못한 점 때문에 더 후회한다고 한다.'고 했다. 훌륭한 선임이 되려면 후임들에게 잘 베풀어 주어야 한다. 전역하기 전에 반드시 실천해 보기 바란다. '인생에서 연습이란 없다'는 말이 있다. 지금 이 순간이 지나가고 나면, 내 인생에서 이 시간은 다시 돌아오지 않는다.

셋째, 하루 한 가지씩 착한 일을 하는 것이다. 이렇게 하면 지금까지 느끼지 못했던 '행복함'을 만나게 될 것이다. 진정으로 훌륭한 선임이 되려면, 후임병들에게 '사랑받고 있다는 느낌'을 선물할 수 있어야 한다.

같은 생활관에서 생활하는 선후임들은 한 팀이며, 동고동락하는 전우들이다. 그러나 같은 공간에서 생활만 한다고 다 전우가 되는 것은 아니다. 군 생활을 하면서 진정한 전우가 되려면, 생사를 같이할 정도의 힘들고 어려운 과정을 같이 극복하면서 인간적인 따스함도 느껴야 한다. 군대에서 사랑하는 마음으로 후임을 대할 때, 후임에게는 이것이 돈으로도 살 수 없는 귀중한 선물이 될 것이다.

손정은의 『나는 사람이 좋다』에서는 '인간관계에 있어 가장 소중한 것은 믿음, 희망, 존중이다. 믿음은 상대의 마음을 열게 하며, 희망은 상대의 마음과 교감하게 하며, 존중은 더 큰 믿음으로 다시 돌아오게 한다.'고 하였듯이, 선·후임 간에 신뢰가 형성되려면 믿음과 존중이 있어야 한다. 믿음은 인간관계에서 가장 중요한 요소 중의 하나이다. 훌륭한 선임이 되기 위해서는 후임들에게 신뢰를 줄 수 있는 언행을 해야 한다. 많이 배웠다고 후임병들에게 믿음을 주는 것은 아니다. 적게 배운 선임병도 신뢰를 받는 모습을 자주 볼 수 있다.

인간은 누구나 다른 사람으로부터 존중받고 싶은 욕망이 있
다. 이는 내가 먼저 타인을 존중해야만 가능해진다. 자신이 존중
을 받기 위해서는 상대방을 먼저 존중해야 하는 것이다. 존중은
다른 사람뿐만 아니라 자기 자신도 귀중하게 여기는 가치이다.
선임으로서 존경을 받으려면, 자신의 업무에 정통하고 후임을 사
랑하며 솔선수범해야 한다. 선임이 되었을 때, 후임을 같은 전우
로서 인격적으로 존중해주면 후임으로부터 몇 배 더 큰 존중하
는 마음을 이끌어 낼 수 있다. 이러한 자발적인 존경은 후임 스
스로 열심히 하려는 마음을 갖게 한다.

자대에서 적용되는 규칙

1. 병영생활과 기본규칙

병영생활이란 주둔지와 기지 내에서의 생활을 말한다. 병영생활에는 교육훈련과 내무생활, 근무 등이 포함된다. 내무생활이란 병영에서 거주할 의무가 있는 군인의 생활과 관련되는 일상 활동을 말한다. 내무생활은 군인이 생활하는 장소인 병영생활관을 중심으로 이루어진다. 내무생활은 기상과 점호, 청소, 내무정돈, 휴식, 오락, 취침 등이 포함된다. 따라서 작전을 위해서 출동하는 행위, 야외훈련, 휴가, 외출 및 외박은 내무생활이 아니라고 할 수 있다.

1) 병영생활관

　군인복무규율 제28조에 '내무생활의 목적은 군인으로 하여금 전우애를 기르고 단체생활에 필요한 협동정신과 자율성을 배양하며, 병영생활에서 오는 심신의 피로를 회복하고, 유사시 즉시 임무를 수행할 준비를 갖추는 데 있다.'고 되어 있다. 이와 같이 내무생활의 목적은 병사들로 하여금 병영생활 간의 피로를 회복하고, 공동생활을 통하여 전우애를 기르는 데 있다고 할 수 있다.

　병영생활관은 일과 후에 휴식을 취하고 잠을 자며, 개인 보급품을 보관하는 곳으로 과거에는 '내무실'이라고 칭하였다. 이곳은 병영생활에서 오는 육체적 피로와 정신적 스트레스를 해소하고, 편안하게 휴식을 취하는 공간이다. 비상사태를 대비하여 대기하는 장소이기도 하다. 군대는 언제 있을지 모르는 긴급사태에 대비하여, 항상 신속하게 전투준비태세를 갖추고 있어야 한다. 이를 위해 '생활관'이라는 일정한 장소에서 단체로 숙식하는 것이다. 이러한 내무생활은 단체생활이라는 특징이 있다. 단체생활은 구성원들이 서로 협동하며, 자신이 맡은 임무를 잘 수행해야 한다. 이처럼 군대에서는 내무생활을 통하여 협동과 단결심을 기른다.

　생활관에는 개인용 침대, 옷을 걸고 개인사물을 보관하는 관물함, 책상, 의자, 텔레비전 등이 있다. 생활관 옆에는 세면장, 세탁실, 샤워장, 화장실, 사이버지식정보방, 공부방, 체력단련실, 공중전화, 정수기 등이 있어, 한 건물 안에서 모든 활동을 할 수 있도록 되어 있다.

군대 생활관은 침상형과 침대형으로 구분된다. 침상형이란 우리가 TV에서 가끔 보는 것과 같이 마루형태로 길게 생긴 침상에서 생활 및 취침을 하는 형태의 생활관을 말한다. 이곳에서는 30~40명이 함께 생활한다. 좁은 침상에서 잠을 자야 했던 예전의 생활관도 이제는 추억의 앨범 속으로 사라지고 있다.

입대 전 혼자만의 생활공간을 가졌던 신세대 장병들의 성장환경에 맞게 침대형으로 개선한 것이다. 개인용 침대로 바뀌면서 야간근무일 때, 전우들의 단잠을 방해하는 일도 없어지게 되었다. 침상형 생활관에서는 다음 차례 불침번인 A일병을 깨워야 하는데, 잘못해서 옆에서 자고 있던 최고 선임자 병장을 깨우는 경우도 있었다. 무척이나 부담스러운 일인 것이다. 침대형 생활관에는 1개 생활관에 10명 내외의 병사들이 생활한다. 침상형은 좁은 공간에서 많은 인원이 생활하다보니 공간이 좁지만, 침대형으로 바뀌면서 개인 생활공간이 훨씬 늘어났다.

자대에서는 선진병영문화로 거듭나기 위해 '병영생활관 운용 개선' 제도를 적용하고 있다. '병영생활관 운용 개선'이란 같은 동기생끼리 한 생활관에서 생활하도록 하는 제도이다. 이 제도는 일과시간에는 편제상 분대 및 소대단위로 교육훈련을 실시하고, 일과 후에는 동기생끼리 생활하도록 하는 것이다.

병사들에게 물어보면, '군 복무 중 어려운 점'은 군대 내에서 인간관계, 외로움 및 심리적 위축, 열악한 환경여건이라고 한다. 병영생활 간에 어려운 점이 시설적인 측면보다는 심리적인 요인이 크다는 것을 알 수 있다. 이등병들은 생활관 내에 있으면 자신에게 시선이 쏟아지는 것 같은 느낌을 받는다고 한다. 선임병들과 한 공간에 있는 것 자체가 부담인 것이다. 편히 쉬고 싶어도 마음이 편하지 않은 것이다. 이러한 점을 개선하기 위해 ‘병영생활관 운용 개선’ 제도를 적용하고 있는 것이다.

‘병영생활관 운용 개선’이라 하더라도 아침점호 및 일과시간에는 건제단위로 활동을 한다. 자율활동 및 취침시간에만 동급자끼리 생활관을 편성하여 운영하는 것이다. 건제단위 활동은 편성된 분대나 소대단위로 하는 부대활동을 말한다. 쉽게 말하면 학교 다닐 때 같은 분단 또는 반별로 행동하는 것이라고 보면 된다. 군에서는 지휘체계를 확립하고 부대단결을 위하여 각종 집합, 교육훈련, 식사, 작업, 취침 등 모든 생활에서 건제단위 활동을 한다.

‘병영생활관 운용 개선’ 제도는 안정된 생활관 분위기 조성을 통하여 후임병이 조기에 적응할 수 있도록 하기 위한 것이다. 실제로 병영생활관 운용 개선은 전투력 향상에 실질적인 도움이 되고 있는 것으로 평가된다. 동급자끼리 생활함으로써 일과 후에 자신이 부족했던 것을 마음 편하게 배울 수 있는 것이다. 선임병들과 같이 있을 때는 자신의 재능을 발휘하는 데 부담이 있지만, 동급자들과의 생활은 자신의 특기를 마음껏 펼칠 수 있는 기회가 된다.

또한, 생활관 내에서는 개인임무와 공동임무를 분담하여 시행토록 하는 ‘병영생활 임무분담제’를 적용하고 있다. 이 제도는 병영생활 간에 해야 할 과제를 개인별, 분대별, 생활관별, 소대별로 구분하여 하는 것을 말한다. 따라서 하급자가 모든 청소를 하는 것이 아니라, 공통적으로 해야 할 과업은 건제단위로 임무를 부여하여 공동으로 수행하게 된다. 여기서 개인임무는 개인이 스스로 처리해야 하는 업무를 말한다. 피복세탁, 개인화기 손질, 관물정돈, 식기세척, 전투화 손질 등이다. 공동임무는 생활관 청소, 공용화기 및 장비 손질, 오물장 처리, 식당 청소 등이다.

2) 병영생활 행동강령

육군규정에는 병영생활 간에 지켜야 할 '병영생활 행동강령'이 명시되어 있다. '강령(綱領)'이란 '정당 등 단체의 입장·목적·계획·방침 또는 운동의 순서·규범 등을 요약하여 열거한 것'이라는 의미로, 군인이 반드시 지켜야 하는 내용이다. 군인복무규율의 '병영생활 행동강령'은 다음과 같다.

① 분대장을 제외한 병 상호간에는 명령이나, 지시, 간섭을 금지한다. 단, 전시·사변·천재지변 등 비상사태가 발생하여, 지휘계통에 의한 정상적인 명령 및 지시가 제한될 경우에는 일시적으로 상위 서열자가 명령 및 지시를 할 수 있다. 병영생활 간 선임병은 일정 범위 내에서 후임병에게 교육목적을 위해 건전한 지도를 할 수 있다. 또한 법·행정예규·지휘계통의 상관으로부터 명령·지시를 할 수 있는 권한이 부여된 경우와 조교, 조장 등 편제상의 직책 임무를 수행할 때에는 병 상호간에도 명령이나 지시를 할 수 있다.
② 어떠한 경우에도 구타 및 가혹행위를 금지한다.

③ 폭언·욕설·인격 모독 등 일체의 언어폭력을 금지한다.

④ 언어적·신체적 성희롱, 성추행, 성폭행 등 성군기 위반 행위를
금지한다.

3) 호칭과 관등성명

군대에서는 호칭에 대하여 명확히 규정되어 있다. 병영생활규
정에는 상급자에 대해서 '성+계급(김 일병님)', '직책+님(분대장님)'의
존칭을 붙이도록 되어 있다. 하지만 성 또는 직명을 알 수 없을
때는 계급 다음에 '님(대위님)'만 붙여도 된다. 하급자나 동급자 간
에는 '님'을 제외하고 '성+계급 또는 직명'으로 부른다. 예를 들면,
'성+계급(김 상병)', '이름+계급(홍길동 일병)'의 형식이 되고, 상대방
을 모르거나 계급만 알 수 있을 때는, '일병', '상병' 등으로 호칭한
다. 한편 군인인 것은 분명하지만 성, 계급, 직책 등을 알지 못하
는 상황에서는 '전우' 또는 '전우님'으로 부르도록 되어 있다.

관등성명은 상급자가 부르거나, 질문, 악수 등을 할 때 처음에
만 복창한다. 분대장을 제외한 병 상호간에 관등성명은 복창하
지 않는다. 요령은 '상병 홍길동'과 같이 계급과 성명을 말하거
나 '1소대 1분대장'과 같이 직책으로 복창한다. 복창할 때에는 상
대방이 알아들을 수 있는 크기의 목소리로 정확하게 발음한다.

군인은 군 기강확립 차원에서 다음과 같은 것은 준수하도록 되어 있다.

① 인식표(군번줄)는 항상 목에 착용해야 한다. 병사는 앞머리와 윗머리를 3cm 내외로, 옆머리와 뒷머리는 1cm 이내로 이발하여야 한다. 콧수염이나 턱수염을 기르지 못하며, 가발을 착용하거나 머리 염색 등을 할 수 없다. 단, 탈모에 의한 가발이나 흰색 머리를 검은색으로 염색은 할 수 있다.

병사들의 이발은 사회에서 이발 경력이 있거나 입대 후 이발을 배운 병사가 담당한다. 물론 이발 후에 면도는 해주지 않는다. 이발은 사회와 똑같은 이발의자가 비치되어 있는 각 부대별 이발소에서 한다. 부대에는 이발병이라고 인가된 직책이 없다.

이발병은 입대 후 손재주가 있는 병사를 정하여 선임 이발병에게 배워서 하게 된다. 따라서 처음에는 매우 서툴 수밖에 없다. 병사들은 머리를 짧게 자르기 때문에 큰 기술은 필요 없지만, 이발병 초기에 가장 큰 어려움은 최고 선임자의 머리를 이발할 때다. 머리 모양이 좋지 않으면 쓴 소리를 들을 수도 있기 때문에, 긴장해서 손이 떨리기도 한다. 그러나 이것도 시간이 해결해 준다. 1개월 정도 이발을 하면 기술도 축적되고 이발 속도도 빨라진다. 군대에서 이발은 주로 주말시간을 이용한다. 이발병들은 주말에 다른 병사들의 이발을 해주어야 하므로, 개인 자유시간이 적다. 따라서 이발병에게 위로

휴가를 보내주기도 한다.

② 군인은 수첩 및 필기구, 손수건 등 기본품목을 항상 휴대하여야 한다.

③ 군인은 원칙적으로 우산을 사용할 수 없으나, 전술상황이 아닌 경우에는 사용할 수 있다.

④ 병영 내 음주는 지휘관이 허락한 경우 지정된 장소에서 마실 수 있다. 단, 근무자는 음주를 할 수 없으며, 위반할 경우 처벌을 면하기 어렵다. 회식은 영내에서 실시하는 것을 원칙으로 하는데, 회식은 아무 때나 하지 않는다. 부대체육대회, 단결활동 등 부대에서 필요한 경우 지휘관의 승인 하에 회식을 할 수 있다. 건제단위로 회식을 할 경우에는 상급제대의 승인을 얻어서 한다. 공휴일에 외출·외박을 나간 경우, 영외에서는 승인 없이도 음주가 가능하다. 단, 부대에 복귀할 때는 술 취한 상태가 되어서는 안 된다.

⑤ 담배는 지정된 장소에서만 피울 수 있다. 사회와 마찬가지로 군대에서도 금연은 장려사항이고, 금연구역도 확대되고 있는 추세이다. 신병교육훈련 기간에는 담배를 피울 수 없다. 담배 구매비용은 개인별로 현금으로 지급받으며, 흡연자는 PX 등에서 담배를 구매할 수 있다. 일과시간 중에도 휴식시간에는 담배를 피울 수 있다. 일과시간이 종료 후에는 정해진 흡연공간에서 자유롭게 흡연할 수 있다. 그렇지만 보행 중에는 흡연하지 못하도록 되어 있다.

5) 개인물품 반입과 우편물

개인 취미생활 및 자기계발을 위한 건전한 서적 및 악기류, 운동기구 등은 지휘관 승인 하에 생활관 내에 보관할 수 있다. 주변 전우에게 영향을 미치거나 군사보안에 저촉되는 카메라, 휴대전화 등은 영내반입을 금지한다. 공무상 영내 반입이 필요한 경우에는 장관급 지휘관의 승인이 필요하다.

생활관 내에 반입하는 물품에 대한 승인 권한은 중대장급 이상 지휘관에게 있다. 그 이유는 부대 여건과 병사들 개인의 신상을 가장 잘 알고 있기 때문에, 지휘관이 판단하여 승인토록 한 것이다. 그렇다고 지휘관 임의대로 승인할 수 있는 것은 아니고, 상급부대 규정과 상급지휘관의 지시를 반드시 확인한 다음 승인하도록 되어 있다. 여기에는 피부질환자용 샴푸, 비누 등이 해당된다.

책은 보안성 검토를 받은 다음 허용이 된다. 불건전한 서적으로 분류되거나 유사한 내용이 있는 책자는 반입이 제한된다. 소포는 본인 및 간부 입회하에 확인을 한 다음 개인에게 전달된다. 반입이 금지되어 있는 품목은 회송시킨다.

6) 급여 및 휴가비

병사들의 급여는 계급에 따라 조금씩 다르지만, 대략 11여만 원 수준이다. 그리고 휴가비는 규정상 전역할 때까지 총 3회를 지급한다. 포상휴가나 위로휴가를 갈 때는 지급하지 않고, 정기휴가에만 지급한다. 휴가비는 휴가 출발일자에 지급하는 것이 아니라 휴가 출발하는 달의 급여 일자에 지급된다. 군대 급여는 선불로 지급된다. 급여지급은 정상적인 경우는 매월 10일에 지급되며, 누락이나 사정으로 인하여 지급이 지연될 경우에는 30일에 지급한다. 군대에서 사용하던 급여계좌는 전역하고 나서도 일정기간 유지할 필요가 있다. 전역 전에 누락되었던 금액이 지급될 수도 있기 때문이다.

7) 전화사용

입대 전에는 휴대전화가 생활화되어 있는데, '누가 공중전화를 쓰겠는가?'라고 생각을 한다. 그러나 군대에서는 공중전화도 위대하다. 없어지면 안 되는 것이다.

군부대에 설치되어 있는 공중전화기는 일반 공중전화기, 수신자부담 전화기, 다기능 전화기 등이 있다. 일반 공중전화기는 카드식과 동전식이 있다. 이 전화기는 면회객이나 PX를 이용하는 타 부대원, 외부 방문객을 위해서 PX 근처에 설치해 놓는 부대가 많다. 일반적으로 PX와 생활관은 멀리 떨어져 있어, 신병들은 수신자부담 전화를 주로 사용한다. 다기능 전화기는 수신자부담 전화기와 카드전화기 겸용이다. 수신자 부담 전화는 전화요금이 비싸 받는 사람에게 부담을 줄 수 있다.

따라서 수신자에게 부담을 줄이는 방법은 공중전화카드를 사용하는 것이다. 공중전화카드는 입대 전 필수품목이라고 한다.

전화카드를 구입할 때는 모든 통신사와 제휴가 되어 있는 카드가 좋다. 구매한 전화카드가 부대 내에 설치되어 있지 않은 통신사 전화기라면 사용할 수 없기 때문이다. 대부분 부대에 여러 통신사에서 설치한 공중전화가 있기는 하지만, 산꼭대기에 있는 부대나 소규모 부대는 없는 경우도 있다. 카드를 구입할 때는 추가적으로 요금, 가입과 납부방법, 충전방식 등이 적당한지도 알아보아야 한다. 수신자부담 전화기와 다기능 전화기는 일반 가정집 전화기와 똑같이 생겼다. 다기능 전화기는 선불 및 후불전화 카드를 사용할 수 있는 전화기로, 옆에 카드 체크기가 달려 있다는 점이 수신자부담 전화기와 다르다.

군대에서 사용할 수 있는 공중전화카드를 정리해 보았다.

첫째, IC 전화카드다. 이 전화카드는 일반 공중전화에서 쓸 수 있는 장점이 있다. 그러나 일반 공중전화는 생활관에서 멀리 떨어져 있는 PX에 설치되어 있어 사용에 불편할 때가 있다. 야간에는 더욱 그렇다. 그리고 몇 번 사용하고 나면, 잔액이 없어 다시 구매해야 하는 단점도 있다.

둘째, 선불제 카드이다. 선불카드란 본인이 사용하고자 하는 금액을 먼저 지불한 다음 사용하는 방식이다. 선불카드는 IC카드와 다르게 충전할 수 있는 기능이 있다. 충전을 하기 위해서는 매번 계좌이체 등으로 먼저 결제해야 한다. 그러나 대부분의 부대는 영내에 현금인출기나 자동이체 기능을 가진 기계가 없기 때문에 충전을 하기가 쉽지 않다. 또한, 자대 전입 초기에는 외출이나 영외로 나갈 수 있는 기회가 거의 없어 충전을 하는데 불편함도 있다. 이에 대비하여 입대 전에 전화카드 충전을 위한 계좌이체 통장을 미리 만들어 놓는 것도 좋다. 전화 사용요령은 '긴급버튼+161+카드번호#+비밀번호+상대전화번호'로 하면 된다.

셋째, 후불제 카드가 있다. 후불카드는 사용한 금액에 따라 다음 달에 사용요금을 납부하는 방식이다. 이 카드는 집에서 요금을 납부하게 할 수 있다는 장점이 있다.

넷째, 선·후불제 카드이다. 선·후불제 카드는 선불카드와 후불카드의 장점을 합쳐놓은 상품이다. 병사들이 가장 많이 사용하고 있는 카드이다. 금액 납부는 본인이 사용할 금액을 미리 정해 놓고 다음 월에 납부하는 방식이다. 충전도 가능하며, 충전한 금액도 후불로 납부된다. 선·후불제 전화카드는 신청할 때 7자리 카드번호와 4자리 비밀번호를 적는다. 사용 요금은 집 전화나 자동이체 및 신용카드로도 납부할 수 있다. 본인이나 가족도 신청이 가능하다. 친구나 친척이 금액을 충전해 줄 수도 있다. 이용 방법은 공중전화기에서 '긴급버튼+161 → 카드번호(군번)# → 비밀번호 → 상대방전화번호#'를 차례로 누르면 된다. 모든 병사들이 가지고 있는 나라 사랑 카드가 여기에 속한다.

다섯째, 체크카드를 이용한 인터넷 무료 전화이다. 모 통신사에서는 2009년 5월 1일부터 전화기에서 체크카드를 이용하여 인터넷 집 전화로 거는 모든 전화를 무료로 제공하고 있다. 이 전화기는 대부분의 군부대 안에 있는 사이버지식정보방에 설치되어 있다. 이 전화를 사용하려면 수신자의 집 전화가 해당 통신사의 인터넷 전화에 가입되어 있어야 한다. 사용요령은 부대 사이버지식정보방에 설치되어 있는 전용전화기에 체크카드를 스캔한 다음 수신자 집에 있는 인터넷 전화에 걸면 된다.

8) 의료진료 체계

군에서는 자대에 전입해 온 이등병들을 대상으로 '주치의 개념'으로 군의관이 건강 상담을 하고, 이에 대한 조치를 하도록 되어 있다. 자대 전입 후 생소함과 부대생활에 적응하느라고 아파도 말을 하기 어려웠던 이등병들이 편한 마음으로 진료를 받을 수 있게 된 것이다.

상담절차는 신병들이 과거병력, 흡연이나 음주 등 현재의 건강유지 상태 등을 문진표에 작성하고, 군의관에 의해서 진단 및 상담을 하여 치료가 필요한 경우에는 병원진료를 받도록 한다. 건강상담은 전입 이등병을 대상으로 1차 건강 상담을 실시하고, 2차 상담은 신병 격려외박을 출발하기 전에 실시한다.

또한, 병사들의 건강관리 및 복지증진을 위해 상병진급자들에게 '건강검진 제도'를 시행하고 있다. 검진항목은 간 기능검사 등 국민건강보험공단에서 지정하는 18개 항목으로 기본검사, 구강검사, 흉부방사선, 요단백과 혈액을 통하여 검사할 수 있는 항목들이다. 혈액을 채취하여 검사하는 항목은 혈색소, 공복혈당, 콜레스테롤 및 간 기능과 관련된 10개 항목이다. 검사결과에 따라 질환이 의심되는 병사는 재검사를 실시한다. 건강검진은 상병 진급자들을 대상으로 한다. 기본검사는 신장, 몸무게, 혈압, 시력, 청력 등 5개 항목이다.

부대생활 중에 아픈 병사는 가장 가까운 지원 군 의료시설에서 1차 진료를 받는다. 1차 진료결과 더 큰 병원에서 진료가 필요할 경우에는 2차 진료를 받을 수 있다. 응급환자의 경우에는 1

차 진료를 거치지 않고, 바로 통합병원 등에서 진료가 가능하다.

휴가, 외출, 외박 중인 병사가 각종 사고 또는 응급질환이 생기면, 민간병원에서 진료를 받을 수 있다. 이런 경우 민간병원에서 치료를 받은 내용을 확인하여 군에서 위탁진료비를 지급한다. 그러나 응급치료가 아니거나 응급치료 후 군 의료기관에서 진료할 수 있는 질환임에도 계속 민간병원에서 진료한 경우, 다른 법령에 의해 치료비를 받은 경우에는 위탁진료비를 지급하지 않는다. 민간의료기관에서 치료기간은 5일을 초과할 수 없다. 단, 군병원으로 이송이 어려운 중환자나 이송으로 인하여 병세가 악화될 우려가 있는 경우에는 일정기간을 연장할 수 있다.

9) 태권도

태권도는 군 입대 1년 이내에 1~3급 수준에 도달하여야 한다. 입대 1년 후부터는 승단심사에 응시하여 전역 전까지 1단 획득을 목표로 한다. 태권도 승단심사는 매 분기마다 시행되는데, 단증이 없는 병사들은 일과 및 자율활동 시간을 이용하여 연습을 한다. 단증이 있는 병사들의 경우는 이 시간에 개인 자유시간을 갖는다. 따라서 입대 전에 태권도를 배워 가면 군 생활에 도움이 될 것이다.

2. 면회·외출·외박

1) 면회

면회는 영내를 벗어나지 않은 상태에서 지정된 장소에서만 만남을 허용하는 것이다. 면회는 일반적으로 주말과 공휴일에만 가능하다. 면회시간은 아침 9시 전후에서 저녁때까지다. 반면 평일날 면회는 특별한 경우가 아니면 허용되지 않는다. 평일 면회는 지휘관의 승인이 있어야 가능하다. 면회는 부대가 훈련이나 사정이 있어 통제를 하지 않는 한, 주말에는 언제나 가능하다. 또한, 복무기간 중 면회 횟수에 대한 제한도 없다. 면회는 이등병 때는 상대적으로 많이 하고 계급이 올라 갈수록 면회 횟수가 적어지는 경향이 있다.

자대에서의 첫 면회 때는 외출이나 외박을 허락하지 않는 부대도 있고, '성과제 외출 및 외박' 제도를 이용하여 허용하는 부대도 있다. 자대에서의 첫 면회는 자대 배치 후에 바로 할 수 있다. 신병교육 수료 후, 자대에 도착하는 시간은 금요일 오후나 저녁이다. 자대 도착 후에는 집으로 전화를 할 수 있도록 시간을 준다. 전화통화 시간도 신병교육대와 같이 짧게 주는 것이 아니라, 어느 정도 여유를 가지고 통화할 수 있다. 이때 면회를 오도록 이야기하면 된다. 자대의 위치나 주소는 선임이나 분대장들에게 문의하면 알려준다.

자대에서는 면회 예고제를 시행하고 있다. 면회 예고제란 면회가 예정되어 있는 병사들의 근무 등을 미리 조정하여 면회객이 기다리지 않도록 하는 것이다. '이렇게까지 할 필요가 있을까?'라고 생각할 수 있는데, 내부 사정을 보면 그렇지 않다. 어느 일요일에 예고도 없이 갑자기 부모님께서 면회를 오셨다고 생각해보자. 오전 11시부터 초소근무자로 편성되어 있어 근무를 나가야 하는데, 부모님은 면회를 오셨다. 근무가 끝날 때까지 부모님께서 기다리시면, 2시간 이상 기다리셔야 한다. 바로 면회를 하려면 근무를 다른 병사와 교체해야 한다. 이럴 경우 면회 온 병사대신 근무를 나가는 사람은 휴일계획이 갑자기 바뀌게 된다. 계획에 없던 근무를 나가야 하니 불편한 마음도 든다. 선임이 대신 근무를 나가게 되면, 면회 온 병사의 마음도 편하지 않다. 이와 같이 예고 없이 오는 면회는 복잡한 상황을 만들 수 있다. 그래서 면회 예고제를 통하여 여러 가지 편의를 도모하는 것이다.

자대에서의 첫 면회를 기다리는 마음은 설렘으로 가득 찬다. 주말에 면회 약속이 되어 있으면, 간편복에서 면회 복장인 전투복으로 갈아입는다. 선임들도 그 마음을 알기에 면회 준비를 도와준다. 옷은 깨끗하게 입었는지, 샤워는 했는지, 전투화는 닦았는지 등등. 이렇게 많은 준비를 하는 이유는 부모나 여자 친구에게 늠름하고 건강한 모습을 보여주고 싶어서다.

면회 오는 날은 모든 준비를 마치고, 면회객의 도착만을 기다리고 있다. 다른 일이 손에 잡히지도 않는다. 지금쯤 도착했을까? 전화를 해볼까? '지금쯤은 면회 왔다고 당직근무자에게 연락이 와야 하는데!' 안절부절 한다. 이때쯤 되면, "백두산 이병! 면회!" 당직근무자의 전달소리에 가슴이 쿵쾅쿵쾅 뛴다. 거울을 다시 한 번 보고, 당직근무자에게 보고를 한다. 외출·외박을 나가는 경우는 증명서도 발급받아야 한다. 당직근무자에게 보고가 끝나면 면회 장소로 향한다. '부모님의 모습은 어떨까? 여자 친구의 모습은 어떻게 변했을까?' 짧은 순간 많은 생각이 스쳐 지나간다. 면회실로 달려갈 때는 가슴이 벅차오름도 느낀다. 행복은 멀리 있는 것이 아니었다. 바쁘다는 이유로 그 존재를 잠시 잊어버리고 있었을 뿐인 것이다.

면회할 때 부모들이 중대장이나 행정보급관을 만나야 하는 것은 아닌지를 고민하는 경우가 있다. 결론부터 말하면 만나지 않아도 된다. 부대 간부들이 특별하게 만날 필요가 있을 때는 부모에게 면담을 요청할 것이다. 그럴 때만 만나면 된다. 부대에서는 꼭 필요한 경우가 아니면, 부모들이 면담 신청하는 것을 불편하게 여길 수 있다. 병사들의 면회는 주로 휴일에 이루어진다. 따라서 매번 부모들이 면회 올 때마다 만나는 것은 여러 가지 여건상 어려움이 많다.

부모들은 면회를 마치고 나면, 그동안 졸이던 가슴을 조금은 내려놓아도 될 것 같고, 이제야 잠을 좀 잘 수 있을 것 같다고 한다. 아들의 뒷모습을 보고 차에 오를 때는 무언가 가슴속에 꽉 차오르는 느낌도 받는다. 아들이 군 입대하고 나서 가슴이 비어 있었음을 깨닫게 되는 순간인 것이다.

2) 외출·외박 준수사항

병영생활규정에는 외출·외박 및 휴가의 목적에 대해 '군인으로 하여금 병영을 일시적으로 떠나 영외에서 각종 용무를 보거나 집안일을 돕고, 심신의 피로를 회복하게 함으로써 사기를 높여 명랑한 병영생활과 군 복무에 대한 의욕을 북돋우는 데 있다'고 하였다. 이와 같이 병사들에게 외출·외박 및 휴가는 통제된 생활에서 벗어나 자유를 마음껏 누릴 수 있는 시간이다.

육군에서 시행하고 있는 외출·외박제도는 신병격려, 특별, 공용외출·외박 등이 있다. 신병 격려외출·외박은 자대 배치를 받고난 신병에게만 주는 외출·외박으로 최대 4박5일까지 주어진다. 특별 외출·외박은 특별한 사정으로 평일이나 휴일에 개별적으로 허가하는 것을 말한다. 특별 외출·외박 중에서 '성과제 외출·외박'(이하 '성과제 외박')은 전체 복무기간 중 31일을 사용할 수 있다. 분기별 1박2일의 외박과 월 1회 외출을 나갈 수 있는 것이다. 부모나 친구 면회, 개인적 용무가 있을 때 신청하여 사용할 수 있다.

성과제 외박은 병영생활 업무성과 등을 고려하여 지휘관이 판단하여 조치하는 것이다. 정기휴가와 같이 정량제 개념의 기본권이 아닌 것이다. 따라서 성과제 외박은 일정 범위 내에서 제한할 수 있다. 교육훈련 수준이 미달되거나 군기 위반자 등에 대해서는 중대장급 이상 지휘관이 이를 감하거나 금지할 수 있다.

성과제 외박은 후송 등으로 인해 전역할 때까지 전부 사용하지 못하더라도 별도의 보상은 없다. 반면 GOP 근무 등으로 성과제 외박을 사용할 수 없는 여건에 근무하는 병사들은, 부대별 내부규정에 의하여 휴가 등 별도의 보상을 조치할 수 있다.

과거에는 면회를 오는 병사들만 외출이나 외박을 보내 주었다. 따라서 면회를 자주 오는 병사는 외박을 자주 나갈 수 있었던 반면, 면회를 오지 않는 병사는 외박을 나가기 힘들었다. 똑같이 군 생활하면서 형평성에 차이가 생겨 불만의 요인이 되었다. 이러한 점을 개선한 제도가 성과제 외박이다. 누구나 똑같이 기간을 사용할 수 있도록 한 것이다. 성과제 외박은 군 생활을 하면서 활력소가 될 수 있어 계획을 잘 수립하여 사용해야 한다.

포상 외출·외박은 업무성과, 위로 및 격려의 필요성이 있을 때 주어진다. 이 외박은 중대장급 이상 지휘관의 승인이 있어야 된다. 공용외출·외박은 공적인 업무로 출타를 하는 것으로, 중대장급 이상 지휘관의 승인이 있어야 가능하다.

면회외박 때는 부모님과 편안한 시간을 보낼 수 있는 곳으로 부대 주변에 있는 펜션이 적당하다. 미리 예약하면 이용에 편리하다. 또한, 국군복지단과 협약된 민간 콘도도 이용할 수 있다. 2012년을 기준으로 이용할 수 있는 곳은 24개소이다. 현역병은 휴가증이나 외박증을 제시하면 이용할 수 있다. 이용할 수 있는 시기는 주로 비수기 주중인데, 일부시설은 주말이나 공휴일도 가능하다. 따라서 미리 전화나 인터넷으로 확인한 다음 이용하는 것이 좋다. 숙박요금은 60~85% 할인이 되며 스키, 사우나, 수영장 등의 부대시설도 할인된 요금으로 이용할 수 있다. 자세한 내용은 국군복지단 홈페이지에서 '현역병 민간콘도' 배너를 참고하기 바란다. 〈표 4-1〉은 현역병이 이용 가능한 민간콘도 시설이다.

〈표 4-1〉 현역병 이용 가능한 민간콘도

숙소명	지 역
대명콘도(8개소)	경주, 단양, 변산, 설악, 양양, 양평, 제주, 홍천
금호(4개소)	설악, 제주, 충주, 화순
한화(12개소)	경주, 대천, 백암, 산정호수, 설악, 수안보, 양평, 용인, 제주, 지리산, 평창, 해운대

외출·외박 때는 몇 가지 준수해야 할 내용이 있다.

첫째, 2시간 이내 복귀 가능한 지역 내에서 실시해야 한다. 병사들의 외출·외박은 일정지역으로 제한되어 있다. 대통령령 제20282호(2007. 9. 20)의 군인복무규율 제12조에는 '군인은~소속 상관의 허가 없이 근무지를 이탈하여서는 아니 된다'고 명시되어 있다. 여기서 '이탈'이라 함은 군무를 기피할 생각이 없었더라도, 부대에서 지정한 2시간 이내의 지역을 떠나 있는 것을 말한다. 과거에는 위수지역 내에서만 가능했던 것이 교통수단이 좋아짐에 따라 2시간 이내 복귀 가능한 지역으로 변경되었다.

둘째, 부대에 자신의 행선지와 숙박 장소를 보고 해야 한다. 외출·외박 중에는 자신이 어디에서 시간을 보낼 것이며, 잠자는 곳의 연락처를 부대에 알려야 한다. 이렇게 장소를 알리는 것은 비상시에 즉각적인 연락을 취할 수 있도록 하기 위함이다.

셋째, 복장 및 용모에 주의해야 한다. 휴가 및 외출·외박 중에 비가 오면 우산을 사용할 수 있다. 그러나 주머니에 손을 넣고 다니거나, 모자를 벗고 단추 및 군화끈 등을 푸는 경우, 흡연하면서 보행, 보행 중 음식을 먹는 행위, 사복을 착용하고 다니다 적발되면 해당 부대로 통보되며 이에 따른 벌칙이 가해진다. 벌칙으로는 외출·외박을 통제하는 경우가 많다. 규정을 어기게 되면 일정 기간 동안 외출·외박을 나갈 수 없다. 휴가 중에 적발되면 휴가를 통제하는 경우도 있다. 이러한 것을 예방하기 위하여 부대에서는 휴가나 외출·외박을 나가기 전에 준수사항을 교육시킨다.

넷째, 복귀시간을 준수하여야 한다. 외출·외박은 복귀 당일의 지정된 시간 내에 부대에 도착하여야 한다. 복귀시간은 부대별로 다르기는 하지만, 늦어도 저녁 8시까지는 부대에 복귀해야 한다.

후임병 때 외출·외박 후 복귀하는 마음은 말로 표현하기 어려울 정도로 부담스럽다. 부대 쪽으로 발길이 잘 떨어지지도 않는다. 들어가면 안될 것 같은 느낌도 받는다. 특별하게 어렵거나 힘든 것은 없지만, 어딘지 모르게 마음이 불편한 것이다. 그렇지만 복귀해야 한다. 지금까지 군 생활했던 선배들도 다 똑같은 마음이었다. 복귀할 때 혼자라는 생각이 드는 것은 홀로서기 과정에서 나타나는 현상이며, 이런 과정을 겪으면서 성숙해지는 것이다. 부대 복귀에 대한 부담은 상병 정도가 되어야 없어진다고 한다.

다섯째, 외출·외박이나 휴가 중에는 차량운전을 하지 말아야 한다. 군 복무 중 사고로 인한 비전투 손실을 예방하기 위해 차량운전

176

을 통제하는 것이다. 군대는 유사시를 대비하여 항상 최고의 전
투력을 발휘할 수 있도록 준비가 되어 있어야 한다. 따라서 군인
은 전쟁이나 작전 시 발생하는 인원과 재산의 손실을 제외한 비
전투 손실을 줄여야 하며, 이를 최대한 예방할 의무가 있다. 이
를 위해 부대에서는 외출·외박이나 휴가 중 운전을 하지 않도록
규정하고 있는 것이다.

3. 휴가는 재충전의 시간

　　외출·외박·휴가는 창군 당시부터 허용을 했지만, 법제화된 것
은 창군 이후 20여 년이 흐른 1962년이다. 현재 군에서 시행하고
있는 휴가의 종류는 연가, 청원휴가, 특별휴가, 위로휴가 및 포
상휴가 등이 있다. 휴가에 포함되지 않는 '신병 격려외출·외박'
(이하 '신병 격려외박')은 신병교육 수료 후 자대배치를 받은 다음,
신병에게만 허가되는 외출·외박을 말한다. 과거에 시행하던 '신
병 100일 휴가'는 신병 격려외박으로 변경되었다. 대부분의 병사
는 신병 격려외박이 집에 갈 수 있는 첫 번째 기회이다. 신병 격
려외박은 정기휴가와 관계없이 주어진다.

　　신병 격려외박은 자대 전입 일을 기준으로 3개월 이후부터 실
시하되, 개인여건에 따라 그 전에도 실시할 수 있다. 이 제도는
복무기간을 고려하여 1박 2일~4박 5일까지 승인권자가 조치해
줄 수 있다. 외박을 나갈 수 있는 시기와 기간은 본인의 희망에

따라 달라진다. 자대 전입 1개월 이내에 신청하면 1박 2일을 승인해 주며, 2개월 이후에는 2박3일, 3개월이 경과한 다음에 신청하면 4박 5일을 갈 수 있다. 단, 신병 격려외박은 다른 휴가와 다르게 분할하여 갈 수 없다.

'연가'는 병사들에게 기본권으로 보장되는 정기휴가를 말한다. 연가는 21개월 복무를 기준으로 총 28일이 되고, 복무 중 이 기간을 3회로 분할하여 실시한다. 첫 번째 휴가는 입대 후 6개월 경과되면 10일을 갈 수 있다. 두 번째 휴가는 입대 후 12개월 정도에 9일을 가게 된다. 마지막 휴가는 입대 후 18개월을 전후하여 9일을 실시한다. 그렇지만 이것은 원칙일 뿐 각급부대의 여건과 개인 희망을 고려하여 휴가기간을 분할하거나 시기를 조정할 수 있다. 따라서 10일간 정기휴가를 갈 수도 있고, 분할해서 5일씩 2회를 갈 수도 있다. 교육기관에서 교육 중인 피교육생이나 입원 중인 환자는 연가를 갈 수 없다.

청원휴가는 본인 또는 가족의 신상에 특별한 사유가 생겼을 때, 당사자의 요청에 의하여 가는 휴가이다.

청원휴가에 대한 규정은 다음과 같다.

① 배우자, 본인 또는 배우자의 부모 사망 시 5일 이내에서, 본인 및 배우자의 조부모, 외조부모와 자녀의 사망 시에는 2일, 형제자매 사망 시에는 1일 이내의 휴가를 승인할 수 있다. 추가로 휴가가 필요할 때는 개인 연가를 이용할 수 있다.

② 자녀를 둔 기혼 병사는 출산 시 첫째 및 둘째는 5일 이내, 셋째는 7일, 넷째는 9일 이내, 백일 및 돌에는 2일 이내의 휴가를 부여할 수 있다.

③ 공무이외의 질병 또는 부상으로 인하여 민간 의료기관에서 진료를 목적으로 한 청원휴가는 군 병원에서 발행된 진단서를 근거로 허가할 수 있다. 군병원 군의관 진단서에 명시되지 않은 진단, 검사, 외래진료를 위한 휴가는 청원휴가로 조치할 수 없다.

④ 친지의 경조사 및 개인적 사유로 휴가를 요청하는 경우에는, 연가 범위 내에서 7일 이내의 휴가를 승인할 수 있으며, 휴가기간은 본인의 정기휴가에서 공제한다.

특별휴가는 특별한 사유가 발생하였을 때 실시하는 것으로, 위로, 포상, 재해구호휴가 등이며, 대대장급 이상의 지휘관이 승인한다.

특별휴가에 대한 규정은 다음과 같다.

① 위로휴가는 각종 훈련, 검열 및 기타 특별한 근무로 인하여 필요하다고 인정할 때 승인할 수 있다. 이 휴가는 지휘관이 지휘권 차원에서 하급자를 격려하는 휴가로, 하급자가 기본권으로 요구할 수 있는 휴가는 아니다.

② 포상휴가는 교육훈련, 근무, 전투에 있어서 뛰어난 공적이 있는 자에 한하여 승인할 수 있다. 대간첩작전 유공자는 수훈 정도에 따라 6개월 이내에서 참모총장이 승인한다.

③ 병사들의 포상휴가는 중대장급 이상의 지휘관 표창을 받은 경우에 가능하다. 중대급 이상 지휘관이 수여하는 표창은 소속된 장병에게 표창할 수 있다. 수시표창은 특별한 공적이 있는 경우에 수시로 수여한다. 기타 전시 또는 비상사태에 전투에 참가하여 뚜렷한 공적을 세운 장병에게는 훈장이나

포장을 수여한다.

④ 재해구호 휴가는 풍해, 수해, 화재 등의 재해를 입은 경우에
   승인할 수 있다.

⑤ 병사의 보상휴가는 교육훈련, 근무, 전투에 있어서 뛰어난 공
   적이 있는 자에게 승인할 수 있다.

여기서 '할 수 있다'의 의미는 지휘관의 판단에 따라 승인할
수도 있고, 부대 사정에 따라 시행하지 않아도 된다는 의미이다.
휴가 및 외출·외박은 각 부대의 인원을 기준으로 일정비율을 초
과할 수 없다. 이는 비상이나 긴급 상황이 발생되었을 때, 임무
수행에 필요한 기본적인 인원은 항상 영내에 있도록 하기 위함
이다. 여기에는 정기휴가를 비롯하여, 청원휴가, 위로휴가, 특별
휴가, 외출·외박 등 모두 포함된다. 휴가는 병사들에게 가장 큰
관심사이기 때문에 휴가순서를 정할 때는 공정성이 중요하다. 이
를 위해 중대 행정보급관이 편성을 하고, 중대장이 결재하여 시
행한다. 휴가순서는 부대마다 정해진 규칙에 의해 편성을 하며,
그 결과는 1개월 전에 게시판에 공지한다. 휴가의 우선순위는
보통 '청원휴가(특별휴가)-신병 격려외박-3번째(전역 전) 정기휴
가-2번째 정기휴가'가 된다.

병사들에게 휴가는 입대에서 전역할 때까지 가장 큰 관심사이
며, 군 생활을 하는 데 있어서 산소와 같은 존재이다. 특히 첫
휴가는 군 입대하여 어렵고 힘든 생활의 피곤함을 잠시나마 잊
을 수 있고, 매일 똑같이 반복되는 일상에서 벗어나 자유를 갈
망할 때쯤 가게 된다. 자대에서 이등병 시절은 정신없이 바쁘게

지나간다. 통제된 생활의 답답함도 느끼기 때문에 이등병들은 신병 격려외박을 간절하게 기다린다. 자대 전입 후 3개월 정도가 지나면, 신병 격려외박을 가게 된다. 많은 이등병들이 신병 격려외박을 신청하기 전까지는 그 기분을 잘 느끼지 못하지만, 외박날짜가 정해지면 온몸에 전율이 느껴진다고 한다. 외박을 나가기 얼마 전부터는 시간계획도 짜고, 하고 싶은 목록도 적고, 친구들에게 전화해서 만날 약속도 잡는다.

국방부 시계는 거꾸로 매달아도 간다는 말이 있듯이, 기다리고 기다리던 신병 격려외박 출발 날짜도 어김없이 다가온다. 입고 나갈 군복을 준비하는 시간은 너무나도 행복하다. 오늘만큼은 선임들의 쓴 소리, 웬만한 추위도 큰 어려움 없이 이겨낼 수 있다. 야간근무도 힘들지 않다. 외박이나 휴가를 승인 받은 병사는 출발 및 복귀할 때, 중대장 또는 대대장에게 신고를 한다. 출발 신고는 하루 전날에 한다. 장거리를 가야하는 병사들은 일찍 출발해야만 저녁시간 이전에 목적지에 도착할 수 있기 때문이다.

출발 신고를 하고 나면 가슴이 벅차오름을 느낀다. 마음이 설레어 잠도 오지 않는다. "아! 그 얼마나 기다리던 휴가인가. 내가 내일 휴가 가는 것이 맞는 거야? 우~와, 몇 시간 뒤면 집에 갈 수 있겠구나." 살이 떨리고, 믿겨지지가 않는다. 행복한 마음뿐이다.

첫 휴가 때 가장 좋은 느낌은, 통제에서 벗어나 자유로움을 만끽할 수 있는 것이라고 한다. 병사들에게 '영외'란 곳은 통제된 생활에서 벗어나 개인이 하고 싶은 것을 마음껏 할 수 있다는데 큰 의미가 있다. 첫 휴가를 나가면 전철 타는 것, 사람들 사이를 걷는 것, 버스를 기다리는 것 등 예전에는 느껴보지 못했던 것에서 새로운 감회를 느끼게 된다. 그리고 어떤 특별한 것보다도 일상적인 사소한 것에서 큰 즐거움을 느끼게 된다. 입대 후 통제된 생활을 하다 보니, 자유롭게 무엇을 할 수 있다는 것 자체가 좋은 것이다. 일상적으로 할 수 있는 것도 그냥 쉽게 주어지지 않는다는 것을 새삼 알게 되는 것이다.

신병 격려외박을 출발하여 집에 도착할 때가 되면, 창밖으로 익숙한 풍경들이 지나간다. 이때가 되면 휴가 출발 전날 밤에 시작된 설렘이 최고조에 달한다. 집 근처에 도착하면, 무척 오랜만에 오는 것 같은 기분이다. 본인은 많이 바뀐 것 같은데, 세상은 별로 변하지 않았음을 느낀다. 그렇지만 많은 것이 생소하고 낯설다. 자그마한 것도 모두 새롭게 보인다. 그렇게 군대 안에 머물러 있는 동안 세상은 많이 변해 있음을 느낀다. 조금은 조급한 마음과 허전한 마음도 든다. 그러나 조급해 할 필요는 없을 것 같다. 세상이 달라진 만큼 자신도 많이 달라져 있기 때문이다. 단지 그것을 느끼지 못하고 있을 뿐이다.

집에 도착하면, 제일 먼저 반겨주는 분이 어머니다. 크게 걱정한 것도 아닌데, 그대로인 어머니의 모습을 보면 안심이 된다. 어머니는 아들 휴가 나온다고 많은 음식을 준비해 놓고 기다린다. 신병 격려외박은 이렇게 많은 환경변화를 느끼면서 하루를 보내게 된다.

다음 날 아침에는 습관적으로 기상시간에 눈이 떠진다. 점호 준비를 해야 한다는 생각에 벌떡 일어나지만, 부대가 아니다. 그렇다고 다시 잠을 자기도 그렇고 해서 집안을 청소하기도 한다. 이런 아들의 모습을 보는 부모들의 마음은 기쁘다고 한다. 군대

가더니 철이 들었다는 생각도 한다. 둘째 날부터는 친구도 만나고, 하고 싶은 것도 하려고 외출을 한다. 친구들을 만나서 저녁 늦게까지 술도 먹고, 이야기도 하면서 즐거운 시간을 보낸다.

부모 입장에서는 모처럼 휴가 나온 아들과 시간을 갖고 싶은데, 아들은 집에서보다 밖에서 보내는 시간이 많다. 섭섭할 수밖에 없다. 그렇다고 고생하는 아들에게 뭐라고 말하기도 어렵다. 통제된 생활에서 벗어나 아들이 하고 싶은 것을 하도록 두지만, 어딘지 모르게 허전한 마음이 든다.

이런 부모 마음은 탄줘잉의 『살아 있는 동안 꼭 해야 할 49가지』에서 잘 나타나 있다. '당신에게 옷을 껴입으라고, 조심하라고 늘 끊임없이 부탁하죠. 당신은 짜증스럽긴 하지만 옷을 입음으로써 따스함을 느낍니다. 돈이 없을 때, 그는 항상 돈 버는 일이 쉽지 않다며 당신을 훈계합니다. 그러면서도 당신에게 돈을 쥐어줍니다. 이런 사람들을 우리는 부모라고 합니다.'라고 했다.

군대생활을 하다보면 아버지란 존재에 대하여 새로운 생각을 하게 된다. 아버지란 존재는 지금까지 가까이 하기에는 너무 먼 당신이었다. 아버지께 딱히 해드린 것도 없다. 그리고 사랑한다는 표현이 어색해서 그 동안 "사랑합니다."라는 말도 제대로 하지 못한 것이 사실이다. 이런 마음에 휴가 가면, 아버지와 소주 한잔 하면서 많은 이야기를 해야겠다고 생각을 한다. 자식을 위해 고생하는 고마움도 느끼게 된다. 그래서 무엇인가를 해야 한다는 생각을 한다.

휴가를 간다면 이런 것을 생각만 하지 말고 몸으로 실천하기 바란다. 나를 키워주신 것에 대한 조그마한 보답이라는 생각을 갖고, 퇴근 후 집에 들어오는 아버지의 발을 닦아드리는 것이다. 감격 그 자체가 될 것이다. 부모들은 큰 것을 바라지 않는다. 작은 것에 감동을 한다. 휴가는 재충전의 시간도 되지만, 군에 와 있음으로 해서 잊고 지냈던 소중한 일들을 실천하는 시간이기도 하다. 따라서 친구들뿐만 아니라 부모와도 많은 시간을 보낼 필요가 있다.

신병 격려외박을 나가면 시간이 정말 빠르게 지나간다. 얼마 되지도 않은 것 같은 데 부대로 복귀하는 날이 된다. 그래서 신병 격려외박은 '4.5초'라는 말도 있다. 복귀하기 하루 전부터는 마음이 불안하고 스트레스도 받는다. 귀대하는 날은 많은 시간을 잠으로 보내고, 텔레비전 리모컨을 가지고 씨름도 한다. 심난한 마음으로 오후나 되어서 겨우 씻고 군복을 입는다. 이렇게 부대에 귀대하기 몇 시간 전부터는 긴장이 되고 말 수가 적어진다. 그만큼 귀대하는 날의 마음은 착잡하고 무거운 것이다.

이런 이유로 가끔은 휴가를 마치고 부대로 복귀하지 않는 병사도 있는데, 이들은 늦게 복귀한 만큼 처벌을 받게 된다. 따라서 아무리 심난해도 무조건 부대로 복귀해야 한다. 일단 부대 근처에 도착하면, 마음은 편해지고 '부대로 들어가야 한다'는 생각이 든다. 부대 근처까지 오기가 싫지 막상 부대 앞에 오면 마음이 편해지는 것이다.

휴가 복귀는 늦어도 저녁 8시 이전에는 부대에 도착하는 것이 좋다. 대부분의 부대에서는 휴가 복귀하기 전에 부대에 도착 예정시간을 전화로 보고하도록 하고 있다. 복귀여부에 대한 확인뿐만 아니라 사정으로 인하여 예정시간보다 지연해서 도착할 경우,

이에 대한 대처를 하기 위해서다.

교통사정으로 부대 근처로 오는 버스의 지연사고 등과 같이, 본의 아니게 늦는 경우가 있다. 이럴 때는 부담 없이 부대로 연락을 해야 한다. 연락방법이 없다면 주변 사람에게 사정을 말하고, 휴대전화를 빌려 쓰면 된다. 부대에 '현재 복귀 중'이라고 연락을 하면, 부대에서는 이에 대한 조치를 한다.

하지만 아무런 연락 없이 복귀시간이 지나면, 상급부대로 '미복귀' 보고를 하게 된다. 이러한 상황이 발생되면 개인에게 피해가 돌아간다. 따라서 휴가 중에 어떠한 일이 발생되면, 부대로 먼저 보고를 하고 조치를 받아야 한다. 천재지변 등의 사유로 기간 내에 귀대하지 못할 때는 전화 등을 이용하여 소속부대 승인권자로부터 승인을 받아야 한다. 또한, 휴가 중에 긴급한 연락사항이 생겼을 때도 소속부대장에게 보고하여야 한다.

같은 휴가라고 하더라도, 첫 번째 휴가와 그 다음의 휴가는 많은 차이가 있다. 일병 때까지는 친구들도 만나서 술도 먹지만, 상병 휴가를 나오면 친구들도 대부분 군대 가고 없다. 따라서 많은 시간을 집에서 보내게 된다. 복귀하는 날도 평상시와는 다른 느낌이다. 예전에 휴가복귀가 그렇게 싫었는데, 상병 때는 빨리 복귀하고 싶다는 생각마저 든다. 이제는 오히려 부대에 오면 반가운 느낌이 든다. 병장이 되고 나면, 그런 마음은 더 심해진다. 그렇게 오랜 시간을 걸려 집에 왔건만, 친구들도 다 군대에 가 있어 휴가를 가도 할 일이 없다. 시간도 군대에 있을 때만큼 안 간다. 그러다보니 집에 있는 것보다 부대가 더 편하다는 느낌도 받는다. 계급에 따라 휴가를 보내는 마음이 변해가는 것이다.

186

휴가는 군대에서 쌓인 피로를 회복하며, 그동안 보지 못했던 부모나 친지들을 찾아보며 안부를 전하는 시간이다. 또한, 휴가를 알차게 보내기 위해서는 휴가기간 동안 자기계발에 대한 계획도 세워야 한다. 이 기간에는 군에서 할 수 없거나 부대생활에 필요한 것을 준비하는 기간으로 활용하면 더욱 좋다. 부대 내에서 할 수 없었던 정보를 수집하거나 자신에게 필요한 책 등을 구입하는 기간으로 활용하는 것이다.

4. 군대 계급체계

현대적 개념의 계급체계는 1894년 칙령 제10호가 공포되면서
비롯됐다. 당시 계급체계는 영관은 정령, 부령, 참령으로, 위관은
정위, 부위, 참위로 구성되었다. 부사관은 정교, 부교, 참교로, 병
은 상등병, 일등병, 이등병 등 3등급으로 구분하였다. 그렇지만
대한제국 이전 우리나라 군의 계급체계에서는 장교와 부사관을
명확히 구분하지 않았다.

장교계급과 함께 부사관 계급은 1946년 국방경비대가 창설되
면서 제정되었다. 당시에는 병사와 부사관 계급을 구분하지 않고
사용하였다. 부사관 계급은 6등급으로 하사(현재 상병), 이등중사
(병장), 일등중사(하사), 이등상사(중사), 일등상사(상사), 특무상사(원
사)로 호칭하였다. 이후 몇 차례 개정을 통해 현재 우리 군의 계
급체계에 이르고 있다.

현재의 군대 계급체계는 병, 부사관, 위관, 영관, 장군으로 되

어 있다. 병의 계급은 이등병, 일등병, 상등병 및 병장으로 구성된다. 육군본부 홍보자료를 참고하여 각 계급장의 상징 내용을 정리하였다.

병 계급장의 형태는 지구를 구성하는 요소인 4개의 층을 표시한 것으로, 군의 계급이 오를수록 전투능력 향상 및 임무수행이 숙달됨을 의미한다. 1946년 남조선 국방 경비대를 창설할 때는 병의 계급이 이등과 일등의 2등급으로 구분되었다. 상등병은 1962년 병 계급이 4등급 체제로 바뀌면서, 상위 계급이라 하여 상등병이라고 호칭하게 되었다. 병장은 병들 중에서 우두머리라는 의미로 '우두머리 장'을 사용하여 병장이라고 부르게 되었다. 병의 서열은 병장, 상등병, 일등병, 이등병 순이다. 서열은 같은 계급에서는 해당 계급의 진급일자 순으로 한다.

병사의 진급은 진급 최저 복무기간이 경과되어야 한다. 일등병으로 진급은 일정기간이 지나면 자동적으로 진급한다. 모범병은 조기진급을 할 수도 있다. 조기진급이란 모범병으로 정상진급보다 1~2개월 먼저 진급시키는 것을 말한다. 모범병의 기준은 각종 경연대회 우승자, 중대장 이상 표창 수상자, 근무 및 교육훈련 우수자, 기타 진급권자가 모범병으로 선발한 자 등이다. 반대로 지연 진급을 시킬 수도 있다. 지연진급 대상은 교육훈련 및 생활관 평가 저조, 군 풍기문란 등이다.

병사들의 진급평가는 교육훈련 및 생활관 태도로 한다. 교육훈련은 군에서 공통적으로 실시하는 과목과 해당 병사의 주특기 과목 및 부대에서 필요로 하는 과목을 평가한다. 생활관 태도 평가에는 생활태도, 책임감, 복종심, 단결심 등이 포함된다. 진

급평가는 매월 실시하고, 이 결과를 반영하여 기준 점수 이상을
받은 병사들은 다음 달에 진급한다. 진급신고는 매월 중대장급
이상 지휘관에게 하는데, 이때 지휘관이 계급장을 달아준다.

군대에서 계급이 주는 의미는 일반 사회와 많이 다르다고 할
수 있다. 일반 직장에서는 과장이든 부장이든 외부에 직급을 표
시하고 다니지 않아, 다른 사람이 구분하기 어렵다. 출입증에 직
급이 표시되어 있어도 자세히 보지 않으면 알기가 쉽지 않다. 그
러나 군대는 계급장을 군복에 붙이고 다닌다. 멀리서도 쉽게 알
수 있다. 이런 이유로 군대에서 병사들의 진급은 생각보다 큰 의
미를 갖는다. 군에서는 아무리 나이가 많아도 계급이 우선이다.
개인사정으로 군에 늦게 들어왔다고 하더라도 나이로 대우해 주
지도 않는다. 간부들도 마찬가지다.

<그림 4-1> 병사 계급장

이등병	일등병	상등병	병 장

부사관 계급은 굳건한 기초 위에 자라나는 나뭇가지를 형상화
한 것이다. 이는 자라나는 나무처럼 전문화된 기술 및 숙련된 전
투력 개발능력의 축적을 나타낸다. 부사관 계급은 1946년 미군
비숍 대령에 의해 미군 부사관 계급장 모양(∧)을 뒤집어 '∨'자
형태로 고안한 계급장을 사용했다. 1962년에는 병의 계급을 2등

급에서 4등급으로 구분하면서, 하사관도 하사, 중사, 상사의 3등
급으로 정하게 되었다. 그 후 1994년에 원사계급이 새로 생겼다.
  1971년에는 하사관과 병의 계급을 쉽게 구분하도록 변경하였
다. 이때부터 병은 ‘―’형 표지만을 사용했고, 하사관은 병의 ‘―’
형 표지 위에 ‘∨’를 추가하였다. 주임상사는 ‘∨’위에 별을 부착
하였다. 1996년부터는 하사관의 위상을 높이기 위하여 장교와
유사한 형태의 무궁화 표지를 부착한 〈그림 4-2〉와 같이 현재의
형태로 변경하였다. 호칭도 ‘하사관’에서 ‘부사관’으로 개정되었
다. 군대에서 간부라 함은 하사 이상의 계급을 말한다.

〈그림 4-2〉 부사관 계급장

하 사	중 사	상 사	원 사

  위관장교의 마름모는 다이아몬드를 상징한다. 다이아몬드는 가
장 단단하면서도 깨지지 않는 금속의 특성을 가지고 있다. 위관
장교의 다이아몬드는 초급장교로서 국가수호의 굳건한 의지를
표현한 것이다.
  직업군인으로 인정하는 계급은 대위부터다. 그 이유는 중·소
위급 장교들은 주로 의무복무 기간에 해당되기 때문이다. 따라서
급여액도 대위 때부터 많은 차이가 난다. 준사관은 준위를 말하

며, 다이아몬드 색깔도 황금색이다. 이들은 주로 특수 직종의 전
문기술직을 맡고 있으며, 대부분 부사관에서 시험을 거쳐 선발
한다.

장교계급도 1946년 4월 비숍대령이 미군계급장을 모방하여 사
용하기 시작했다. 당시 위관은 준위, 참위, 부위, 정위로 불렀으
며, 영관은 참령, 부령, 정령으로 호칭하였다. 그러나 호칭이 어
렵고 불편하여, 같은 해 12월에 현재와 같은 계급장 및 명칭으로
개칭하게 되었다.

무궁화 형태의 계급장 받침은 장군은 한국군 특성에 맞게 1975
년부터 사용하였다. 그리고 장교계급장의 통일된 모습을 위해 1980
년부터는 모든 장교계급장에 무궁화 받침을 사용하게 되었다.

<그림 4-3> 위관 장교 계급장

준 위(황금색)	소 위(은색)	중 위	대 위

영관장교의 계급장은 대나무 잎 9개로 구성되어 있다. 대나무
의 잎은 사계절 항상 푸르다. 대나무의 줄기는 곧게 뻗어 있고
마디는 뚜렷하며, 세로로 쪼개진다. 대쪽 같은 사람이란 불의와
타협하지 않는 지조 있는 사람을 가리키는 것과 같이 영관장교
의 계급장은 대나무의 푸르름, 굳건한 기상과 절개를 상징한다.

군에 입대하기 전에는 영관장교라는 계급이 높은 것인지 잘

192

모른다. 그냥 컴퓨터 게임에서 나오는 영관장교일 뿐이었다. 그
러나 자대에 가면, 소령이란 계급이 얼마나 높은지 몸으로 느끼
게 된다. 대대장인 중령은 보기도 쉽지 않다. 병사들은 대대장을
‘하늘’이라고 표현하기도 한다. 정말로 높은 계급이라는 의미다.
대령은 1년에 몇 번 정도 볼 수 있을 정도다.

〈그림 4-4〉 영관 장교 계급장

소 령 	중 령 	대 령 

〈그림 4-5〉 장군 계급장

준 장 	소 장 	중 장 	대 장 

　　장군의 별은 스스로 빛을 내는 천체로서 군에서의 모든 경륜을
익힌 완숙한 존재임을 상징한다. 각 계급의 구성을 보면, 위관 장
교의 다이아몬드는 지하, 영관장교는 지상, 장군의 별은 우주를
표현한다. 장군이 되면 많은 처우가 달라지기도 하지만, 이때부터
는 병과의 구분이 없어진다. 이는 어느 분야에서든 임무를 맡아
수행할 수 있음을 의미하는 것이다.

5성장군인 원수(元帥)는 사전적 의미로 군에서 가장 높은 계급을 뜻한다. 원수는 정상적인 지휘체계에는 없는 계급이다. 전시에 공로가 뛰어 나거나 군의 표상이 될 만한 대장급 중에서 국회의 동의를 얻어, 대통령이 임명하는 계급이다. 일종의 군의 원로 역할을 하는 계급이다. 이는 한 나라의 최고 통수권자인 대통령을 의미하는 '원수(元首)'와는 다르다.

군의 조직체계 중 가장 기본단위는 분대이다. 사회로 말하면 가정과 같은 조직이다. 분대의 상위조직은 소대와 중대가 있다. 제대별 순서는 분대, 소대, 중대, 대대, 연대, 사단(여단), 군단, 군사령부, 육군본부 등이다.

군에서 계급은 지위나 관직 등의 등급을 말한다. 계급장은 군인의 군복에 부착하여 표시한다. 또한, 각 조직에는 조직의 장이 있어 그 조직을 지휘하고 통제한다. 분대장은 상병 또는 병장 중에서 선발하여 임명한다. 분대장이 되기 위해서는 별도로 분대장교육을 일정기간 받아야 한다. 소대장의 계급은 소위나 중위다. 중대장의 계급은 보통 대위지만, 부대 사정에 따라 중위가 하는 경우도 있다. 대대장은 중령, 연대장은 대령급 장교이며, 사단장 직책은 장군(소장)이 맡아서 한다. 각급부대의 지휘관 또는 지휘자는 어깨에 녹색견장을 착용한다. 녹색견장은 분대장부터 착용을 한다.

5. 군인들만의 언어

군인은 표준말 사용을 원칙으로 하고, 언어사용은 간단명료해야 한다. 용어는 "~하겠습니다.", "~알겠습니다.", "~해도 됩니까?"와 같이 마지막에는 "~다."나 "~까."로 끝나야 한다.

다른 조직과 마찬가지로 군대도 '군대의 특수성'이 묻어 있는 군인들만의 언어를 사용하기도 한다. 그렇지만 2012년부터 국방부에서 이런 용어들을 일상용어나 쉬운 표현으로 바꾸는 작업을 진행하고 있다. 참고로 군대 냄새가 나는 대표적인 몇 가지를 알아보았다.

- **갈구다** : '괴롭힌다.'는 말로 군대에서 흔하게 사용된다.

- **깔맙이** : 방한복 안에 입는 내피를 말한다. 군 보급품 명칭은 '방한복 상의 내피'이다. 줄임말로는 '방상내피'라고도 한다.

- **깨쓰** : '깨스치다'는 일을 저지르거나 사고 친 것을 말한다.

- **건프레이크** : 건빵을 부숴 우유에 말아먹는 음식으로, 건빵과 콘프레이크의 합성어이다.

- **꼬인다** : 일이 생각대로 잘 되지 않을 때 사용한다.

- **군대리아** : 군대에서 나오는 햄버거를 말한다.

- **널널하다** : 어떤 과업을 분배하였을 때, 상대적으로 적은 임무를 맡아서 여유 있고 한가로울 때 쓴다. 이와 유사하게 쓰이는 용어로는 "꿀 빨다", "땡 치다", "째다" 등이 있다. "땡 치다"는 '요령을 피우거나 맘 편히 논다'는 말이다. "땡보"는 '땡+보직'을 합한 말로 편한 보직이라는 의미를 담고 있다.

- **빠지다** : '군기가 빠졌다.'고 말할 때 주로 쓴다.

- **빡세다** : 부대에 따라서는 '빡 치다'라고 사용하는 곳도 있다. 매우 힘들고 어려운 일 또는 힘든 훈련을 할 때 쓴다. "이번 훈련은 엄청 빡셀 것이다." 등으로 사용한다.

- **뻘쭘하다** : 멍하니 있다. "뻘쭘 하게 있지 말고 이것이나 해."라고 사용한다.

- **뻥끼치다** : 엄살 피우는 것을 말한다. 아프지도 않은데, 몸이 아픈 척하는 병사를 두고 하는 말이다.

- **뽀그리** : 봉지 채로 조리해 먹는 라면이다. 군에 다녀 온 사람이라면, 누구나 추억의 뽀그리 탕을 기억할 것이다. 70~80년대에는 반합에 물을 반쯤 채운 다음 건빵을 넣고 라면을 넣어 끓이면 죽과 같이 되는데, 이를 '뽀그리탕'이라고 하였다. 뻬치카(생활관 벽난로로 지금은 군대에서 사라졌다.) 세대는

라면봉지를 입구만 조금 개봉하여 여기에 물을 붓고 삐치카 위에 2~3분 얹어 놓으면 뽀글뽀글 라면이 끓는다고 해서 '뽀그리'라는 용어로 불린 듯하다. 야간근무 후에 만들어 먹는 이 라면은 꿀맛이다. 이것도 병장이나 되어야 먹을 수 있었다. 지금은 봉지라면의 입구를 개봉하고, 정수기에서 뜨거운 물을 부어서 3~4분 후에 먹는다. 간편하기로 따지면 컵라면이 최고지만, 군대에서는 뽀그리 라면이 컵라면보다 훨씬 맛있다.

- **싸제**: 군 보급품이 아닌 개인 비용으로 구매한 일반사회 물품을 말한다. '사제품'을 격음으로 발음한 것이다.

- **세월이다**: 천천히 느릿느릿 한다는 의미다. "하 세월이다."라고도 말하는데, 세월이 가든 말든 천천히 한다는 것을 뜻한다.

- **왕고, 투고, 쓰리고**: 왕고란 부대에서 최고 선임병을 말한다. '왕고참'의 준말이다. 월별로 동기가 정해지는 군대 관례상 왕고는 한 명이 아니고, 여러 명이 될 수 있다. 계급이 낮아도 선임이 없으면 왕고가 될 수 있다. 왕고가 되고 나면 소대에서 많은 영향력을 발휘한다. 왕고 바로 아래는 '투고, 쓰리고'가 있다. 두 번째 고참, 세 번째 고참을 일컫는 말이다.

- **짬밥**: '짬밥'에는 몇 가지 의미가 있다. 첫째, 군대에서 먹는 밥을 일컫는다. 둘째, 식사 후 남은 밥과 반찬을 잔반통에 버린 것을 말한다. 잔반통에 버리는 것을 '짬 시킨다'라고 표현한다. 셋째, 군대의 경력을 나타낸다. "짬이 차다."와 같이 사용하며, 군대의 경력을 표시하는 의미로 사용한다. "내 짬

밤에 이것을 해야 하냐?"라는 말은 '내 군 경력에 이런 것을
해야 하느냐'라는 뜻이다.

- **짱박히다** : '숨는다'는 의미이다.

또한, 군대용어는 사회에서 사용하는 용어와 다른 것이 많다.
육군본부에서 발행한 '병영생활규정'과 '군사용어 사전'을 참고하
여 몇 가지를 정리하였다.

- **관물함** : 생활관 안에 있는 개인 옷장을 일컫는 말이다. 이곳
  에는 전투복, 활동복 등을 걸어두며, 개인 사물도 이곳에 보
  관한다.
- **직속상관** : 지휘계통상의 중대장급 이상의 지휘관을 말한다.
- **상관** : '상관'은 명령복종관계에 있는 사람들 중에서 명령권
  을 가진 자를 말한다. 직속상관을 포함한 상위계급 또는 상
  위서열에 있는 준사관 이상의 장교가 여기에 해당되며, '상
  급자'는 상위 계급인 사람 또는 상위 서열인 사람을 일컫는
  다. '명령-복종관계'란 명령을 내릴 권한이 있는 사람, 즉 상
  관 및 지휘관과 명령을 받아 이를 이행할 의무가 있는 사람
  인 부하의 관계를 말한다.
- **상근예비역** : 징집에 의하여 현역병으로 입영한 자가 일정기
  간을 현역병으로 복무하고, 예비역에 편입된 후 향토방위와
  이와 관련된 업무를 지원하기 위하여 소집되어 복무하는 사
  람을 말한다.

- **수양록**(修養錄) : 병사들이 입대부터 전역할 때까지 자기 정리를 하는 개인의 일기장이다. 개인별 주 3~4회 작성을 원칙으로 한다. 수양록은 개인이 관물함에 보관하며, 전역할 때는 본인이 가져간다.

- **얼차려** : '정신을 차려'라는 의미로 사용한다. 정신 나간 사람에게 정신을 되찾아 주는 훈련으로 일명 '기합'이라고 한다. "오늘 얼차려 받았다."는 '오늘 기합 받았다.'는 의미이다. 얼차려의 목적은 규정이나 지시를 경미하게 위반한 자에 대한 교정이나 교육훈련 시 훈련목적 달성을 위하여 시행하는 것이다. 법과 규정, 지시를 위반한 대상자에게는 중징계 또는 법적제재를 하도록 되어 있다. 얼차려는 피교육생이 이를 통하여 정신수양이나 체력단련 등의 성취감을 느끼도록 하는 것이 중요하다. 얼차려에 대한 승인은 소대장급 이상 지휘자의 승인이 있어야 가능하며, 시행은 분대장급 이상이 승인권자의 감독 하에 공개된 장소에서 실시해야 한다.

- **점호** : 인원과 장비의 이상이 있는지를 확인하는 것이다. 점호는 아침 기상 후와 저녁 취침 전에 한다. 아침점호는 주로 연병장에서 실시하고, 저녁 점호는 생활관 안에서 실시한다. 군대에서 점호가 생략되는 경우는 거의 없다. 야외훈련장에서도 어떤 형태로든 점호는 실시한다. 저녁점호 준비는 청소, 군화 닦기, 생활관 정리정돈 등을 한다. 과거에는 저녁점호 시간이 가장 힘든 시간이었다고 한다. 점호할 때 당직사관으로부터 지적을 받으면, 야간에 집합을 시켜 기합을 주는

사례가 많았다고 한다. 요즘은 찾아보기 힘든 모습이다.

- **행정보급관** : 중대급의 인사 및 행정업무를 담당하는 부사관을 의미한다. 중대급에서 병사들과 관련된 신상관리 및 보급품 관리 등의 업무를 한다. 병사들과 가장 접촉이 많은 간부 중의 한 명으로, 병사들이 좋아하면서도 무서워하는 간부이다. 과거에는 '인사계'라고 불렀다.

- **호봉** : 계급별 군 경력을 의미한다. 군대에서 병사들의 호봉은 1개월 단위로 올라간다. 상병 진급 후 2개월이 되었으면 '상병 2호봉'이 되는 것이다.

- **FM** : 'Field Manual'의 약자로 군대의 '야전교범'을 말한다. 야전교범은 각개전투, 화생방 등 다양한데, 군에서 가장 기본이 되는 원칙을 기술한 교범이다. "FM대로 하라."는 '원칙대로 하라.'이고, "우리 분대장은 FM이다."는 말은 '우리 분대장은 원칙대로 행동을 한다.'는 의미이다.

- **PX** : Post Exchange의 약자로 군대의 매점을 일컫는다. PX에서는 음료수, 과자, 생활용품(비누, 샴푸 등), 문구용품 등을 판매한다. 보통 대대급에는 소규모 위탁판매소를 운영하며, 면회실과 같이 있는 부대가 많다.

군대생활과 자기계발

1. 하루하루가 새로운 군 생활

새로워지려면 자신의 생활에 애정을 가지고 있어야 한다. 어떤 일이든 사랑하는 마음을 갖고 있을 때 즐거움이 따라온다. 그래야 일이 즐겁고 더 많은 열정도 가질 수 있다. 새로운 방식으로 세상을 살아간다는 것은, 우리 앞에 어떤 일이 일어나느냐에 따라 결정되는 것이 아니라 어떤 태도를 갖고 생활을 하느냐에 따라 결정된다. 군대에서 새로워지는 몇 가지 생활 자세를 꼽아보았다.

첫째, 어제했던 실수를 오늘은 반복하지 않는 것이다. 전보다 나아지려고 노력하는 사람은 언제나 이전과 다른 모습으로 스스로를 변화시켜 나간다. 따라서 자기 자신과 싸우는 법을 익히는 것이 중요하다. 끊임없이 자기 자신을 담금질하면서 어제보다 더 나아지는 법을 배우려고 해야 한다. 오늘을 가장 잘 생활하는 방법은 오늘 일어나는 변화를 적극적으로 배우는 것이다. 그리고 똑같은 실수를 반복하지 않는 것이다.

둘째, 평소 싫어하던 선임에게 정겹게 다가가 인사를 하는 것이다. 군대생활을 하다 보면, 소통이 되지 않아 힘들고 어려워하는 병사들이 있다. 소통의 핵심은 나의 마음을 먼저 여는 것이다. 전 육군참모총장 박홍렬 장군은 "마음은 나만이 열 수 있는 One way door."라고 했다. 마음의 문에는 밖에서 열 수 있는 문고리가 없어 다른 사람이 열 수 없다는 의미이다.

세상을 살다보면, 특별함을 느끼게 하는 관계가 있다. 이런 관계는 그냥 만들어지지 않는다. 내가 상대방에게 특별하게 관심이 있거나, 특별하게 생각을 하고 있어야 가능하다. 내가 그렇게 느끼고 있다면 상대방도 그것을 느낀다. 사람들의 마음이 똑같다는 것이다. 다른 사람이 싫어하는 선임도 나와는 특별한 관계가 될 수 있다. 내가 어떻게 행동하느냐에 따라 상대방과의 관계가 달라질 수 있다는 말이다.

셋째, 보고 싶은 부모·친구에게 전화를 하거나 편지를 쓰는 것이다. 부모는 자식을 군에 보내고 나면, 잘 지내고 있는지 무척 궁금해진다. 신병훈련 기간 중에는 신병교육대 카페에 사진이 올라오면, 컴퓨터 바탕화면에 사진을 저장시켜 놓기도 한다. 컴퓨터를 켤 때마다 보기 위해서다. 그리고 눈을 뜨면 컴퓨터 앞에 앉아 '오늘은 무슨 새로운 사진이 올라왔을까?'라는 기대감으로 컴퓨터를 켜기도 한다. 이렇게 부모들은 아들을 군에 보내고 나면 그리움으로 살아간다. 하루하루를 견디기 힘들어 하는 엄마들도 많다.

군 입대 후, 처음으로 전화를 받으면 가슴이 울컥하고 손이 부

들부들 떨리고 눈물도 난다. '무소식이 희소식'이란 말이 있기는
하지만, 자식을 군에 보낸 부모마음은 절대로 그렇지 않다. 소식
이 없으면 무척이나 궁금해 한다. 군에 있는 아들은 너무나 바
빠서 집에 전화를·하지 못하는 사정이 있을 수 있다. 그러나 부
모마음은 그렇지 않다. 따라서 집에 자주 전화를 하여 안부를
전하는 것이 좋다. 특히 정기적으로 오던 전화가 없거나 아들이
근무하는 지역에서 사고가 났다는 뉴스를 접하면 더욱 불안해한
다. 전화 안 오는 기간이 길어질수록 무슨 일이 있는 것은 아닌
지? 어디 아픈 것은 아닌지? 별의별 생각이 다 든다. 이때는 하
루하루 손에서 휴대전화를 놓지 못한다. 혹시 부재중 전화가 왔
던 것은 아닌지, 휴대전화 속을 뒤져보지만 아무 내용도 없다.
부대로 전화를 하기도 어렵다. 어찌할 방법은 없고 속만 까맣게
타들어 가는 것이다. 이것이 전화를 기다리는 부모의 마음이다.
　편지는 사람의 마음을 잘 나타낼 수 있는 사랑의 메신저라고
한다. 군대에서 보낸 편지는 시간이 지나고 나면 좋은 추억이 될
것이다. 또한, 여자 친구에게 보내는 편지는 서로에 대한 믿음과
사랑을 쌓아가는 더 없이 좋은 선물이 될 것이다.
　넷째, 마음의 여유를 가지고, 자신의 생활을 새로운 방향에서
바라보는 연습을 하는 것이다. 세상은 아름답다. 단지 그 아름다
움을 바라볼 마음의 여유가 없을 뿐이다. 조금만 더 마음의 여
유를 가지면, 세상이 참 아름답다는 것을 느낄 수 있는데 그러
지 못하고 있는 것이다. 군 생활을 하면서도 부대 내에 있는 푸
르른 나무를 보면서, 맑은 하늘을 보면서, 눈 덮인 부대 설경을
보면서 아름다움을 느낄 수 있는 마음의 여유가 필요하다. 우리

204

는 사회에서나 군에서도 항상 바쁘게 살아가고 있다. 마음의 여유는 누군가가 만들어 주는 것이 아니다. 내가 찾아서 갖는 것이다. 스트레스를 받을 때는 조금은 편하게 생각하고, 조금 더 멀리 볼 수 있는 마음을 가져야 한다. 지금의 이런 상황도 행복하다는 생각을 하면서 생활하는 것이 중요하다.

필자는 어느 날 매일 쓰던 식기보관함에서 태극기 마크를 처음 발견하였다. 3개월 동안 매일 사용했는데 그 전까지는 눈에 띄지 않았던 것이다. 세상일이란 것이 참 묘한 것 같다. 안 보이던 것이 눈에 보이는 날이 있다. 많은 사람들이 생활하는 장소에 어떤 사물이 있는데도 보이는 사람에게만 보인다. 이와 같이 세상에는 자신의 눈에 보이는 것보다 보이지 않는 것이 훨씬 많은 것 같다.

새로운 것은 새로운 눈과 마음으로 보아야 보인다. 새로운 것을 보려면 '병원이라고 반드시 하얀 색을 가진 건물이어야 하는가? 큰 저택과 같은 모습의 병원 건물을 지으면 안 되는 것인가?'와 같이 생각을 바꿔서 바라보는 연습을 하는 것이 필요하다. 지금까지 당연하게 받아들이던 사실을 다른 시각으로 보는 습관을 만들어야 한다. 지금까지 보던 눈으로만 보면, 세상은 절대로 달라 보이지 않는다.

다섯째, 본인이 맡은 임무를 긍정적이고 적극적으로 하는 것이다. 자식을 군대에 보낸 부모들은 자식이 군 생활을 열심히 하기를 바란다. 군 생활을 통해 가족의 소중함을 알고, 남을 배려할 줄도 알며, 자랑스럽게 성장하기를 기대한다. 또한 군에 있는 동안을 '정체된 기간'이라고 생각하지 말고, 모든 행동을 적극적으로 하기를 바란다. 군에서 잘 적응하며 늠름해진 모습을 보면, 부모들은 '우리 아들이 벌써 이렇게 컸구나.'라는 느낌을 받는다. 게다가 "이렇게 키워주신 부모님께 감사드립니다."라는 말을 들으면, 코끝이 찡해진다고 한다. 이와 같이 부모들은 겉으로는 잘 표시를 하지 않아도, 속으로는 언제나 자식을 응원하고 훌륭하게 성장하기를 기도하고 또 기도한다. 긍정적인 군 생활을 해야 하는 이유 중의 하나이다.

간디는 "항상 긍정적인 생각을 해야 한다. 생각이 결국 말이 되기 때문이다. 또한, 항상 긍정적인 말을 해야 한다. 그 말이 결국 행동이 될 것이기 때문이다. 행동을 항상 긍정적으로 해야 한다. 결국 그 행동이 습관이 될 것이기 때문이다. 항상 긍정적인 가치를 가지도록 해야 한다. 그 가치가 당신의 운명을 만들어갈 것이기 때문이다."라고 했다.

성공을 하기 위해서는 좋은 습관을 가져야 한다. 습관은 하루하루의 일상생활에서 자신의 행동이 쌓이면서 생기는 것이다. 미래의 성공은 현재의 반복되는 올바른 습관의 결과라 할 수 있다. 군에서 긍정적인 생활을 하려면 환경에 지배되지 말아야 한다. 주변의 환경이 나를 통제하도록 하지 말고, 내가 주변 환경으로부터 자유로워져야 한다. 이것을 실천하기 위해서는 자기 자신의 의도적인 노력이 필요하다. 이러한 노력을 통하여 좋은 습관을 많이 만들면, 노력에 대한 결과는 자신을 성공의 길로 안내할 것이다. 모든 것은 생각으로부터 시작된다.

여섯째, 취침 전 5분간 전역 후 나의 생을 그려보는 것이다. 전역하고 나서 하고 싶은 것, 10년 후의 꿈도 수양록에 적어본다.

지금부터 10년 후의 나의 모습을 그려보는 것이다. 그리고 그것을 적어보는 것이다. 나는 어떤 사람이 되어 있어야 하는지? 그 모습은 어떨 것인지를 머릿속으로 그려보는 것이다. 이런 그림을 그리는 것 자체가 꿈을 가지는 것이다. 이와 같이 군 생활을 자신의 인생을 설계하는 시간으로 보낸다면, 다른 사람보다 한 발 앞서갈 수 있다. 어떤 분야에서든 성공하기 위해서는 남다른 노력과 시간이 필요하다. 성공하기 위해서는 미래에 대해 미리 생각하고 준비를 해야 한다.

스포츠 경기도 마찬가지다. 축구경기에서 골문 앞에 있다고 누구나 골을 넣을 수 있는 것이 아니다. 자신에게 공이 올 것이라고 미리 생각하고 준비하고 있다가 자신이 예상한 대로 공이 온다면, 쉽게 골을 넣을 수 있다. 준비되어 있기 때문에 찬스에 강한 것이다. 세상을 살아가는 것도 마찬가지다. 어떤 일이 일어날 것인가에 대한 여러 가지 상황을 미리 살피고, 예측하여 준비를 하고 있으면 기회가 왔을 때 그것을 잡을 수 있다. 성공은 어느 순간에 확 다가오는 것이 아니라, 순간순간의 시간과 노력이 모여서 되는 것이다. '한 송이 국화꽃을 피우기 위해 소쩍새는 그렇게 울었나 보다'라는 시 구절과 같이, 한 송이 국화꽃을 피우기 위해서는 엄청나게 많은 노력과 땀이 있어야 하는 것이다.

일곱째, 감사한 마음으로 군 생활을 하는 것이다. 얼핏 보면 군 생활을 하면서 감사할 일이 별로 없을 것 같다. 그러나 찾아보면 너무나 많음을 알 수 있다. 다음은 군에서 '감사'할 수 있는 것들이다.

군에 갈 때는,
내 몸이 군대 갈 수 있을 정도로 건강하다는 것에 감사한다.

전방에 배치를 받았을 때는,
맑은 공기 속에서 근무할 수 있게 해 준 것에 감사한다.

힘든 훈련을 받을 때는,
체력이 강화되면서 인내심과 극기력을 늘려주는 것에 감사한다.

한정된 공간에서 생활하여 군 생활이 답답할 때는,
자신을 통제하는 마음이 길러지는 것에 감사한다.

기상할 때는,
오늘도 이렇게 숨을 쉬면서 일어날 수 있는 것에 감사한다.

식사할 때는,
오늘도 밥을 먹을 수 있는 것에 감사하고,
취사병의 정성과 노력이 들어있는 맛있는 밥을 먹어서 더욱 감
사한다.

뜀걸음할 때는,
매일 체력단련을 할 수 있게 해 주어서 감사한다.

청소할 때는,
깨끗한 환경을 만들 수 있는 기회를 주는 것에 감사하고,
전우들을 위해서 봉사할 수 있다는 것에 감사한다.

불침번 근무를 설 때는,
다른 전우들을 지켜줄 수 있음에 감사한다.

야간업무와 근무로 잠을 적게 잤을 때는,
3시간만이라도 잘 수 있었던 것에 감사한다.

선임병의 꾸중을 들었을 때는,
나에게 관심을 갖고 가르쳐주는 선임병이 있는 것에 감사한다.

  감사하는 마음은 사랑하는 마음을 가질 때 비로소 생긴다. 그리고 자신을 사랑하는 마음이 있어야 남에게 베풀 수 있다. 내가 가지고 있지 않으면 베풀 수 없는 것이다. 사회에서는 돈을 지불해 가며, 헬스클럽에 다닌다. 그러나 군에서는 돈 한 푼 들이지 않고 체력단련을 시켜준다. 이 또한 얼마나 고마운 일인가? 생각하기 나름이다. 힘들다고 생각하면 모든 것이 힘들다. 정신이 힘들면 육체도 힘들어진다. 몸은 마음먹기 나름이다. 훈련도 어떤 마음을 갖고 하는가가 중요하다. 힘들지 않다고 생각하면 힘든 일도 어렵지 않게 할 수 있다. 누구나 하는 군 생활이라면, 긍정적인 생각을 갖고 하는 것이 좋을 듯하다.

  데브라 노빌의 『감사의 힘』에서는 '세상을 바라보는 시각을 조금만 바꾸어도 많은 것이 바뀐다. 감사하는 마음은 갑자기 하늘에서 뚝 떨어지는 것이 아니다. 배우고 훈련받는 것이다. 우리 주변에는 감사해야할 일이 많다. 감사하는 연습은 곧 행복을 찾아내는 연습이다. 감사의 힘은 평범한 것에서 감사할 것을 찾아낼 때 발견할 수 있다. 기회는 멀리 있는 것이 아니다. 우리가 남에게 고마워할수록 우리에게는 더 많은 성취의 기회가 생긴다. 감사는 바로 자신을 위한 것이다.'고 했다.

  지금 이 시간에도 군 생활을 힘들고 어렵게 하는 병사가 있을 것이다. 감사하는 마음으로 행복한 군 생활을 만들어 갔으면 좋겠다. 군 생활에서 어려움을 만드는 것은 부대나 상급자가 아니고, 바로 내 마음이다.

2. 군대는 보물창고

많은 사람들이 군 입대를 하면서 앞으로 군 생활을 어떻게 보낼까에 대한 고민을 한다. 군 생활을 소비로 보는가? 아니면 인생의 한 과정으로 이 기간을 기회로 보고 있는가? 어느 쪽 관점이 사실이냐 아니냐보다는 내가 어떤 관점으로 바라보느냐에 따라서 군 생활은 크게 달라질 수 있다. 인생은 선택의 연속이라고 했다. 어떤 선택을 할 것인지는 남이 해주는 것이 아니라 내 스스로 하는 것이다. 군 생활을 하면서 무엇을 얻어서 전역을 할 것인지를 선택하는 것도 자신의 몫이다. 군 생활하면서 배우거나 경험할 수 있는 보물은 매우 많다. 그것을 찾거나 경험하지 못한다면, 결국은 할 수 있었던 기회를 놓치는 것이 될 것이다. 군 생활하면서 얻을 수 있는 몇 가지 대표적인 보물들이다.

첫째, 인내심과 극기력을 배울 수 있다. 군대생활을 하다 보면 세상은 혼자 사는 것이 아니고, 내 생각대로 안 된다는 것과 희

210

한한 사람도 많기 때문에 참으면서 살아야 한다는 것을 느낀다. 또한, 군대에서 배운 것들 중 사회에서 활용할 것이 정말로 많음을 느끼기도 한다. 그중 가장 큰 것이 인내심과 극기력이 생긴다는 것이다. 군대에 오면 자연스럽게 인내심이 생긴다. 자신보다 어려도 계급이 높으면 존칭을 붙여야 하고 선임으로 대우를 해 주어야 하며, 쓴 소리를 하더라도 참아야 한다. 계급사회이기 때문이다.

또한, 군대는 전쟁에서 승리를 하기 위해 일반조직과는 다른 군 조직만의 특성을 가지고 있다. 일반회사에서는 임무가 회사나 자신을 위한 것이기 때문에 힘들거나 마음에 들지 않으면 언제라도 그만 둘 수 있다. 그러나 군인은 다르다. 국가를 위해 어떠한 희생을 감수하고서라도 부여된 '임무완수'를 해야 한다. 때로는 목숨을 걸어야 할 때도 있다. 따라서 군에서는 먹고 싶을 때 먹을 수 있는 것이 아니고, 쉬고 싶다고 아무 때나 쉴 수 있는 것도 아니다. 피곤하고 졸릴 때도 경계근무를 서야 하고, 아무데서나 누울 수도 없다. 군 생활은 그 자체가 모두 극기 훈련인 것이다. 이런 이유로 전역하는 병사들에게 물어보면 군에서 얻은 것 중의 가장 큰 것이 인내심이 많이 생긴 점이라고 한다. 참을 줄 아는 내공의 힘이 생겼다는 것이다.

모 일간지에 실린 어머니의 글에는 이런 내용이 잘 나타나 있다. '군 생활은 그 자체가 모두 훈련이다. 군대는 왜 가는가. 전쟁 때 편안한 잠자리가 어디 있으며, 맛있고 영양가 있는 식탁이 있을 수 있는가? 우리의 자식들이 군 생활이 아니면 언제 그런 생활관에서 잠자는 훈련을 해 볼 수 있겠는가? 전역 후 지금

은 사회에 나와 잘 적응하며 지난 군 생활에 있었던 일들을 이야기하면서 웃고 있다.'

둘째, 어떤 것도 할 수 있다는 자신감이 생긴다. 군에서 부여된 임무를 완수하다 보면, 어떤 환경과 조건에서도 할 수 있다는 자신감이 생긴다. 사회에서는 자신감이 없어서 도전을 못하고 좌절하는 경우가 많은데 군에서는 지금까지 한 번도 해보지 않았던 일도 척척 해내게 된다. 이와 같이 군 생활은 다양한 분야에서 새로운 도전을 하는 곳이다.

군 생활을 하는 시기는 대부분 20대 초반으로 가장 젊었을 때이다. 젊음에는 힘과 용기가 넘쳐난다. 젊음은 이 세상의 그 어느 것보다도 값진 것이며, 두려움을 극복하고 무엇이든 할 수 있는 특효약이다. 그렇다고 젊음의 효과가 누구에게나 있는 것은 아니다. 그 약을 어떻게 투약하느냐에 따라 나타나는 효과는 크게 달라진다. 어떻게 처방을 해야 그 효과가 나타날까? 긍정적인 생각을 갖고 적극적으로 생활을 하는 것이 젊음의 효과를 최고로 발휘할 수 있게 만드는 처방이다.

군대에서 병사들은 고된 훈련과 힘든 과업 속에서도 서로 의지하며 살아가는 법을 배운다. 낯선 사람들과 소통하며 서로를 이해하는 마음도 배운다. 이런 가운데 계급이 올라가고, 변하지 않을 것 같던 자신의 변하는 모습을 보면서 문득 자기 자신을 깨닫는 경우가 많다. 이런 점에서 군 생활은 자신의 인생에서 큰 도움이 될 것이다.

셋째, 철이 든다. "군대 가면 철이 든다."는 말을 주변에서 종종 듣는다. 우리는 태어나서부터 부모와 함께 지내왔기 때문에 부모의 사랑을 잘 느껴보지 못한 경우가 많다. 군대생활은 부모와 떨어져 있고, 어렵고 힘든 일도 혼자서 극복해야 하는 시기이다.

따라서 군대 오기 전까지 느끼지 못했던 부모의 사랑을 알게 된다. 그래서 가끔은 면회하면서 눈물을 흘리는 군인들도 있다. 전역하고 나면 부모님께 효도도 하고, 편안하게 해 드려야 하겠다는 다짐을 하게 된다. 군 생활을 통해 소중한 사람들이 나에게 얼마나 소중한지를 진정으로 느낄 수 있다.

군대에서는 어떤 힘든 일을 하다가 갑자기 어머니 생각이 나기도 한다. 따뜻한 봄볕을 쬐고 있을 때, 책을 읽다가 또는 밥 배식을 하다가 생각날 수도 있다. 이럴 땐 갑자기 눈물이 핑 돌기도 한다. 아버지에 대한 고마움도 느끼게 된다. 아무런 대가를 바라지 않고, 가족들을 위해 외로움과 싸우면서 힘겹게 생활하는 모습도 알게 된다. 군에서 고생을 해보니 부모의 고마움을 알게 되는 것이다. 군 생활 중 '부대에서 하는 것의 10분의 1만 부모님께 해도 효자라는 소리'를 들을 것 같다는 생각이 들기도 한다. 군에 와서 철이 들어가고 있는 것이다.

넷째, 건강한 몸과 마음을 가질 수 있게 된다. 입대 전에 뚱뚱해서 고민이 되었거나 너무 말라서 걱정했던 사람은 군 생활을 하면서 적절한 몸매 만들기를 목표로 삼아도 좋을 것이다. 군 생활은 규칙적인 생활로 이루어져 마음만 먹으면 자신의 몸을 관리하기 좋다. 처음에는 규칙적인 생활이 익숙하지 않겠지만 시간이 지나면 적응되고, 꾸준히 운동을 한다면 몸은 더 튼튼해지고 건강해 질 것이다. 몸이 건강해지면 군 생활에 활력까지 3

생기게 된다. 아래 내용은 입대 당시 120kg이었던 몸을 1년 만에 35kg 감량에 성공한 H상병의 사례이다.

> H상병은 입대 당시 120kg이었다. 훈련소에서 체중 95kg 이상 훈련병으로만 구성된 '건강소대'에 편성되었다. 건강소대는 체력단련과 식사량 조절 등을 통해 수료할 때까지 전원 10kg 감량을 목표로 하고 있다. 여기서는 체력수준을 A, B, C등급으로 구분해 단계적으로 맞춤식 체력단련을 실시한다. 사회에서는 비싼 돈을 들여가며 다이어트 보조제, 피트니스 등을 다니며 건강을 유지하려고 노력한다. 하지만 군에서는 비슷한 몸을 가진 전우들과 같이 잘 짜인 건강프로그램을 이용하여 체력단련을 실시한다. 하루하루 지나면서 자신도 몰랐던 승부욕과 경쟁심이 생기게 된다. H상병은 건강소대에서 목표로 했던 10kg에는 조금 미치지 못하는 8kg의 체중을 줄이고 신병교육을 마쳤다.
>
> 여기에 힘을 얻은 H상병은 자대에 배치되면서 본격적으로 체중 감량을 하기로 마음먹었다. 건강소대에서와 마찬가지로 매일 줄넘기 2,000회를 실시하였다. 거기에 매일 일과를 마치고 3km 뜀걸음을 생활화하였다. 주변 선·후임병들도 이런 H상병의 모습과 의지를 보고, 함께 뛰며 격려하기 시작하였다.
>
> 또한, '웨이트 트레이닝 계획'을 세워, 부대에 있는 체력단련실에서 정기적으로 체력단련을 하였다. 식사량은 평상시 먹던 양의 3분의 2로 줄였다. 운동을 하고 나면, 배가 고팠지만 전우들의 충고와 관찰은 H상병이 목표를 달성하겠다는 의지에 많은 힘이 되었다. 이런 의지와 부대의 배려, 전우들의 도움으로 H상병은 1년 만에 85kg까지 몸무게를 줄이는 데 성공하였다. 35kg을 감량한 것이다.
>
> H상병은 입대 후 각종 훈련에서 체력이 부족하여 많은 어려움을 겪었다. 주변의 시선은 따가웠고, H상병의 고민은 늘어만 갔다. 그러나 몸무게가 줄면서 군 생활은 활기가 넘치게 되었다. 입대 전 1km도 제대로

뛰지 못했던 그는 3km 체력측정에서 14분대를 뛸 정도로 발전하였다. 몸무게가 줄면서 체력은 증가된 것이다. 신체검사 결과 고질적인 고혈압과 고지혈증도 정상 판정을 받았다.

또한, 체중감량으로 자신감이 생기기 시작하였고, 군 생활에 재미까지 붙었다. 입대 전 체중 때문에 받았던 스트레스도 사라졌다. 군에 와서 체중을 줄이는 것만으로도 자신감과 생활에 변화가 생긴 것이다. H상병은 "전우들의 도움과 부대에서의 배려가 없었다면, 불가능했을 겁니다. 체중 감량에 성공하자 모든 부대생활이 재미있습니다. 전역 전까지 10kg을 더 빼는 것이 저의 목표입니다. 군 생활은 제 인생의 전환점이 되었습니다. 인생을 새롭게 살 수 있게 만들어준 곳입니다."라고 말한다.

다섯째, 자립심을 키워준다. 입대 전까지는 부모님과 같이 살면서 많은 것을 의지하면서 살아왔다. 집에서는 내가 하지 않아도 누군가는 해 줄 사람이 있었다. 청소나 빨래를 하지 않아도 되었다. 그러나 군대에서는 나의 일을 대신 해 줄 사람이 없다. 기상으로부터 취침할 때까지 대부분 스스로 해야만 한다.

군 생활은 사회의 자유로운 생활과 부모에게 의존했던 환경에서 벗어나 통제된 생활 속에서 혼자서 모든 것을 풀어가야 한다. 훈련소에서의 5주간 훈련도 혼자만의 힘으로 이겨내야 한다. 자대에 배치되면 낯선 사람들, 환경, 생활방식을 접하면서도 스스로 극복해 나가야 한다. 이와 같이 군에 입대를 하면 새로운 문화를 접하면서, 혼자만의 힘으로 살아가는 법을 배우게 된다. 지금까지 겪어보지 못했던 새로운 삶에 대하여 도전을 하게 되는 것이다.

이렇게 고독하고 어려운 과정을 겪다보면, '어머니'라는 말만 들어도 눈물이 난다. 부모님에 대한 감사한 마음도 생긴다. 군 생활을 하다보면 생각도 바뀌게 된다. 집에 전화하면서 "엄마! 보고 싶어요. 힘들고 어려운 것 같아요."라는 말이 쉽게 나오지 않는다. 아무리 힘들어도 "어머니! 정말 군 생활 할 만합니다. 훈련소보다 자대가 훨씬 편합니다. 생활관 분위기도 좋고, 선임들도 잘해줍니다. 걱정하지 않으셔도 됩니다. 20년간 저를 이렇게 키워 주셔서 감사합니다. 저는 건강하게 군 생활 잘하고 있습니다."라고 말하게 된다. 부모의 걱정을 덜어주기 위해서다. 그렇다고 힘들지 않다는 것은 아니다. 힘들지만 참아야 한다는 생각을 하는 것이다.

군에서는 외롭고 힘들어도 부모가 도와줄 수도 없다. 혼자서 배우고, 익히고, 어려움도 극복하면서 살아가야 한다. 스스로 해야 하는 것이다. 이러한 이유로 대부분의 부모들도 자식이 군에서 제대하고 나면, 자신의 일을 스스로 하도록 내버려 둔다. 자신의 인생을 책임질 줄 안다고 생각하는 것이다.

여섯째, 전우들과 교감을 하면서 인간관계를 형성하고 사회생활도 배운다. 군 생활을 통하여 사귄 전우는 전역 후 뿐만 아니라, 인생에 있어서 가족과 같은 관계가 될 수 있다.

입대하기 전에는 가족, 친구, 친지 등 많은 사람들과 교감을 하면서 지낸다. 그러나 군대라는 일정한 울타리 안에서는 특정한 사람들과 많은 시간을 함께 보낼 수밖에 없다. 일정한 공간에서 한정된 사람들과 21개월의 시간을 보내는 것이다. 이렇다 보니, 군대에서는 서로 의지할 수 있는 사람이 군 생활을 같이 하는 전우들뿐이다. 그래서 군대는 인간관계를 만들 수 있는 아주 좋은 공간이다. 다양한 지역의 사람들도 만나게 된다. 군에서 만난 사람들은 득실을 따지지 않고, 어려울 때 조건 없이 도와주는 관계이다. 같이 땀을 흘리면서 고생도 함께하는 전우인 것이다. 때로는 생사를 같이 하기도 한다. 이와 같이 군 생활에서는 사회에서 느낄 수 없었던 전우애를 느끼게 된다. 단체생활을 하는 관계로 협동심도 생긴다. 군대에서는 개인 혼자만 잘해서는 안 된다. 혼자 잘한다고 해서 집단의 성과가 높아지는 것도 아니다.

특히 동기들과는 미운 정, 고운 정이 들어 저절로 친해지게 된다. 어려움도 함께 나누어 절친한 친구나 다름없는 관계가 된다. 이러한 동기들은 미래의 보람찬 인생을 사는 데 큰 기초가 될 수 있다. 또한, 군대생활은 사회생활을 미리 경험을 하는 곳이다. 상관과 선임을 대하는 방법, 부하를 통솔하는 방법, 전우들을 사귀는 방법 등도 배운다.

일곱째, 좋은 습관이나 취미를 만들 수 있다. 군 생활을 하면서 습관을 가진다는 것이 쉽지 않을 수 있다. 군대에서는 연속해서 무엇을 할 수 있도록 시간이 주어지는 경우가 드물다. 따라서 연속해서 무엇을 하려고 하기보다는 꾸준하게 하는 습관을 들이는 것이 좋다. 필자가 추천하고 싶은 것이 있다면 어떤 것을 기록하는 습관이나 체력단련, 독서 등에 대한 취미를 갖는 것이다.

기록은 오랜 시간이 지나도 그 당시의 기억을 되살릴 수 있는 좋은 자료이다. 군대에서는 혼자 생각할 시간뿐만 아니라 순간순간 생각나는 것이 정말로 많다. 따라서 생각날 때마다 기록을 하는 습관을 가지면 좋다. 사람의 뇌는 일정시간이 지나고 나면 잊어버리기 때문에 생각날 때 바로 메모를 해두어야 한다. 군인은 항상 메모지와 펜을 군복에 휴대하도록 되어 있어, 좋은 생각이 날 때는 언제나 기록하기도 쉽다.

자유시간에 작성하는 수양록은 자신의 하루생활을 반성하고, 더 나은 군 생활을 위한 '다짐의 노트'가 될 수 있다. 군 생활은 하루하루가 비슷한 생활의 연속이다. 기상과 점호, 아침식사, 과업, 자율활동시간, 취침 등이 반복된다. 이러한 생활 속에서 아무런 생각 없이 하루하루를 살다보면, 새로운 생각을 갖기 힘들어 진다. 반복되는 생활에서 벗어나려면, 수양록을 작성하면서 자신의 하루생활을 반성하는 시간을 갖는 것이 중요하다. 그리고 내일은 무엇을 어떻게 할 것인지, 그 생활에서 내가 얻을 수 있는 것은 무엇인지도 기록해야 한다. 이렇게 짬짬이 메모한 기록은 시간이 지날수록 그 가치가 증가한다. 전역 후에는 군 생활에 대한 좋은 추억도 될 것이다.

체력단련을 하는 습관도 좋을 듯하다. 군대에서는 일정부분 단체로 체력단련을 실시하지만, 개인운동으로 체력단련을 하게 되면 더 좋은 몸매를 유지할 수 있다. 책을 읽는 것도 마찬가지다. 군대 내에는 '진중문고'라는 명칭을 가진 여러 책들이 구비되어 있는 곳이 있다. 대대급에는 독서실도 준비되어 있다. 약간의 관심만 가지면 책을 읽을 수 있는 것이다. 책을 읽다 보면 재미도 생긴다. 책 읽는 것이 처음에는 어렵지만 습관이 되고 나면 일상생활이 되어 버린다. 취미가 아닌 습관이 되는 것이다. 군대라서 시간이 없다는 생각을 하기보다는 자투리 시간을 이용하여 책

읽는 습관을 만들어 보자. 인생의 큰 보물이 될 것이다.

무엇이든 자신이 좋아하는 일을 습관적으로, 취미로 매일하는 사람은 당해내기 어렵다. 거기에다 타고난 재능까지 가지고 있다면, 더욱 그렇다. 그러나 세상은 공평한 것 같다. 재능이 있는 사람들 중에 그 분야를 열정적으로 하는 사람은 많지 않은 것 같다. 그래서 노력하는 사람이 성공하는 비율이 높은 것이다.

여덟째, 남는 시간을 활용하여 대학 강좌를 듣거나 자격증을 취득할 수 있다. 요즘은 군 생활 중에도 사이버 대학 강좌나 검정고시, 자격증 등을 취득할 수 있도록 기회가 주어져 있다. 이를 위해서 대대급 이상의 부대에는 사이버지식정보방, 독서실, 공부방 등도 마련되어 있다. '사이버지식정보방'에는 인터넷 컴퓨터가 준비되어 있고, 개인학습이나 자격증을 취득할 수 있도록 각종 동영상 콘텐츠도 제공된다. 이들 콘텐츠를 이용하여 원격으로 대학 강의수강, 학점은행제 학점취득, 국가기술자격증, 검정고시뿐만 아니라 외국어와 정보기술 등의 개인공부도 할 수 있다. 이에 대한 세부내용은 본 책의 제5장 '자격증과 검정고시 취득'을 참고하기 바란다.

군 생활을 하다 보면, 스트레스와 부정적인 생각이 많아질 수 있다. 사회생활과 비교해서 통제도 많고 힘들기 때문이다. 하지만 이런 생각들을 빨리 바꾸는 것이 자신에게 도움이 된다. 대한민국의 남자라면 누구나 거쳐 가야 하는 군 생활이다. "피할 수 없으면 즐겨라."라는 말이 있다. 이 말이 주는 의미는 생각을 바꾸라는 것이다. 생각을 바꿔야 세상이 달라 보인다.

3. 자기계발 시간

　전역한 선배들은 군대의 순기능보다는 역기능에 대하여 무용담을 늘어놓는다. 후배들을 위해 군대생활을 지혜롭게 보내기 위한 목표, 비전, 생활 등 희망적인 이야기를 하는 사람보다는 '대충 시간만 보내고 전역'하라고 말하는 경우가 많다. 예를 들면, "너 일 잘한다고 빨리하면 또 시킨다. 적당히 해! 그래도 국방부 시계는 돌아간다."등이다. 또 어떤 사람들은 "군 생활은 인생에서 낭비 기간이고, 불필요한 시간이었다."고 말한다. 이런 사람들은 인생에서 소중한 21개월의 시간을 헛되이 보낸 것이다. 안타까운 일이다.

　반면 군 생활을 하면서 많은 것을 경험하고 배워가는 사람들이 있는데, 이렇게 하려면 자신의 군 생활 목표를 세워 시간을 투자하고, 꾸준하게 행동으로 옮겨야 한다. 군대에서는 꽉 짜인 일과표에 의해 하루일과가 진행된다. 따라서 본인 스스로 시간을 만들지 않으면 누구도 자기계발을 위한 시간을 만들어 주지 않는다. 군대에서 자기계발을 위한 시간을 만들려면, 잠자는 시간을 줄이거나 TV 보는 시간을 줄여야 한다. 군에서 자기시간을 확보할 수 있는 방법을 살펴보겠다.

1) 자기계발을 위한 시간 확보

군대의 하루는 정해진 일과표에 의해 진행된다. 시간대별로 해야 할 일도 정해져 있다. 기상 후에는 아침점호, 세면, 청소, 식사를 한다. 식사 후에는 과업시간이다. 이때는 자신에게 부여된 임무를 수행한다. 하루의 일과는 17시에 마친다. 일과 후에는 저녁식사를 하고, 그 이후 시간은 21시까지 개인정비 및 자율활동 시간이다. 이와 같이 빡빡한 군 생활 중에서 '나'를 위한 시간을 만들기가 쉽지 않다. 군대에서는 자신만이 활용할 수 있는 시간을 별도로 주지 않는다. 그래서 틈틈이 남는 시간을 잘 활용해야 한다.

하루일과 중 자기계발을 할 수 있는 시간을 찾아보았다.

첫째, 식사 전후에 약간의 시간이 남는다. 이 시간에는 생활관 청소와 다음 일과준비를 주로 하는데, 이것을 마치고 나면 10~20분 정도의 휴식시간이 있다. 이때는 많은 시간이 아니기 때문에 간단하게 생각을 정리하여 메모하거나 단어 암기 등을 하면 좋다.

둘째, 저녁식사를 마치고 나면, 점호준비 전까지 기본적으로 2시간의 개인 자율활동 시간을 보장하고 있다. 작업이나 야근으로 불가피할 경우에는 보상 마일리지를 적용한다. 이 시간에는 개인운동, 분대원 모임, 정비, 목욕, 청소, TV 시청 등을 할 수 있다. 독서실에서 책을 읽을 수도 있다.

셋째, 공부를 희망하는 병사들은 밤 12시까지 연등을 할 수 있다. 연등은 토요일과 일요일에도 가능하다. 연등을 하려면 당직간부에게 먼저 승인을 받아야 한다. 요즘에는 군에서 자기계발을 적극적으로 장려하기 때문에 대부분 연등을 허락 해준다. 이 시간에는 특별한 경우를 제외하고는 임무부여나 상급자의 호출이 없기 때문에, 하루 중 개인시간을 활용하기에 가장 적합한 시간이다. 집중해서 무엇을 할 수 있는 가장 좋은 시간이라고 할 수 있다. 이와 같이 평일에는 하루에 개인적으로 활용할 수 있는 시간이 2~4시간 정도 된다. 그렇다고 매일 고정적으로 이 시간이 확보되는 것은 아니고 부대행사, 훈련, 야간근무 등 과업이 있으면 제한될 수 있다.

군 생활 중 시간이 없다고 말하는 사람들이 많다. 그러나 정말로 열심히 사는 사람들은 하루에 4시간 정도만 잔다고 한다. 4시간만 자도 이상이 없을까하는 생각도 들지만, 사는 데 전혀 지장이 없다고 하고, 작가 이외수 씨도 하루에 4시간 이상을 잔적이 없다고 한다. 필자가 아는 어떤 사람도 하루에 3시간만 잔다고 한다. 밤 12시에 잠들어도 새벽 3시면 어김없이 일어난다는 것이다. 술을 먹어도, 피곤할 때도 마찬가지라고 한다. 시간은 만들기 나름이다.

넷째, 주말에는 부대에서 통제된 시간 이외에는 개인 자유시간이다. 종교활동, 부대 단체운동 등의 시간을 제외하면, 나머지

시간은 개인적으로 활용할 수 있다. 하루에 6~9시간 정도를 활용할 수 있다. 외출이나 외박도 주말에 실시한다. 또한, 주말에는 부족한 잠을 잘 수 있도록 해주기도 한다. 따라서 군대에서 자기계발을 위한 시간을 효과적으로 사용하기 위해서는 휴일을 잘 활용해야 한다.

그러면 군에서 자기계발을 위해 쓸 수 있는 시간은 어느 정도 될 것인가. 하루 평균 2시간을 활용한다고 했을 때, 주말을 제외하면 연간 260여 일이 된다. 연간 520시간 정도를 활용할 수 있다. 휴일은 일 년을 52주로 계산하면 104일이다. 휴일 날 하루 6시간씩을 활용한다면 624시간이 된다. 이 시간을 모두 더하면 1,100여 시간이 된다. 여기서 야간훈련이나 부대활동으로 제한되는 기간을 빼더라도 일 년에 최소 1,000시간 이상은 활용할 수 있다.

신병훈련기간, 부대적응 기간 등을 제외하더라도 21개월의 군생활 기간 동안 활용할 수 있는 자기계발 시간은 1,500여 시간이 가능함을 알 수 있다. 적지 않은 시간이다. 무엇을 하더라도 충분하게 준비할 수 있는 시간이다. 여기에 휴가기간 등을 포함하면, 군 생활 중 1,700시간 정도 개인발전을 위해 투자할 수 있다. 이것을 하루 8시간씩 활용한다고 계산 했을 때, 200일이 넘는다. 이 시간은 자신의 노력에 따라 더 많은 시간을 확보할 수도 있다. 여기서 주의할 점은 자기 할 일은 제대로 하지 않으면서, 개인 공부만을 열심히 하는 사람은 군 생활이 더 힘들어 질 수 있다는 것이다. 선후임과 동료의 따가운 시선 때문이다. 따라서 자기계발을 위해서는 군 생활을 열심히 하면서 남는 시간을 활용해야 한다.

캐나다 맥길 대학의 다니엘 레비턴 교수는 '1만 시간의 법칙'에 관한 연구결과에서 "어느 분야에서든 탁월한 전문가 수준이 되려면, 1만 시간의 연습이 필요하다."고 했다. 1만 시간은 대략 하루 2~3시간, 1주일에 20시간 이상씩 10년간을 연습한 것과 같은데, 군 생활을 하면서 약 5분의 1 정도를 확보할 수 있는 것이다. 다음은 군 생활을 하면서 자신의 발전을 위해 노력하고 있는 L일병의 사례이다.

L일병의 보직은 보급계원이다. 어려서부터 만화에 소질이 있던 L일병은, 만화영상학과를 다니다가 입대를 하였다. L일병은 부대생활하면서 시간만 나면 틈틈이 만화를 그리고 있다. L일병이 지금까지 그린 만화만도 200여 장이다. 선임병의 부탁으로 하나둘씩 그려주던 만화가 인정을 받게 되자, 얼굴을 캐리커처나 관물함에 붙일 만화를 그려달라는 부탁이 쇄도하고 있다. 만화를 그려서 선물할 때면, 사인까지 해달라고 하는 경우가 많다고 한다. '전역할 때 기념으로 가져가거나 유명한 만화가가 되면 좋은 기념품이 될 것'이라고 말하는 선임들도 있다. 이럴 때는 다른 사람들에게 기쁨을 주고 있다는 생각이 들어 마음이 뿌듯하다고 한다.

지금은 중대 휴게실 벽에 '활기찬 병영생활'을 주제로 만화를 그리고 있다. 좋아하는 일이지만, 군대에서 만화를 그리는 것이 결코 쉽지만은 않다고 한다. 행정병의 업무가 만만치 않을 뿐만 아니라, 피곤할 때가 한 두 번이 아니기 때문이다. 그러나 "그림을 그릴 때면 졸음도 싹 가신다."고 말한다. 야간과 주말에는 많은 시간을 그림 그리기에 투자하면서 보내고 있다. L일병이 전역할 때까지 목표로 하는 만화는 1,000장이다. L일병은 군 생활하면서 자신이 좋아하는 일도 하고, 스펙을 쌓는 기회로도 활용하고 있는 것이다.

2) 자기계발을 위한 장소

자기계발을 위한 장소는 사이버지식정보방, 독서실 또는 공부방, 간부연구실 등이다. 병영시설이 현대화 되면서 대부분의 부대가 이러한 시설을 갖추고 있다. 독서실이 없는 부대에서는 간부연구실을 활용할 수도 있다. 간부연구실은 간부들이 교범을 읽거나 교육준비에 필요한 준비를 할 수 있도록 책상과 탁자 등을 비치해 놓은 소형 독서실이다. 이곳도 야간에 간부들이 퇴근하고 나면, 당직계통의 승인을 받아서 사용할 수 있다. 이런 면에서 어느 부대나 자기계발을 할 수 있는 장소는 갖추어져 있다고 보면 된다.

또한 부대마다 대부분 도서관 겸용 독서실을 갖추고 있다. 그렇다고 사회의 도서관 같이 보유하고 있는 책들이 많은 것은 아니다. 대대급 규모의 부대에는 200~300여 권 정도의 책을 보유하고 있다고 보면 된다. 도서관의 책은 부대에 따라서는 인접 시·군·구청 도서관과 협약을 맺어 정기적으로 대여해서 보는 경우도 있다. 꼭 필요한 경우라면 개인적으로 인터넷 서점 등을 통하여 구매하거나 가족이나 친구를 통해서 정기적으로 받아 볼 수도 있다.

군대라는 곳은 공부를 위해 존재하는 집단이 아니고, 나라를 지키기 위해 국방의 의무를 수행하는 곳이다. 따라서 자기계발을 할 수 있는 여건이 충분하지 않을 수 있다. 모든 것이 갖추어져 있어 불편함이 없이 자기계발을 하는 것도 중요하지만, 정말로 중요한 것은 어떤 마음을 가지고 있는가이다. 여건이 아무리 좋아도 노력하지 않는 사람이 있는가 하면, 여건이 불비하더라도 '할 수 있다'는 자신의 의지로 자기계발에 매진하는 사람도 있다.

필자가 근무하는 부대에서 목욕탕을 관리하는 병사가 있었다. 그 병사는 다른 병사들보다 무척 친절하였다. 일반적으로 목욕탕을 관리하는 병사들은 열심히 하기는 하지만, 정말로 친절하다는 평가를 받는 경우는 많지 않다. 그런데 A일병은 '병사가 어떻게 저렇게 친절하지?'라는 생각이 들 정도로 친절한 모습을 보였다. 운동을 하고 목욕탕에 가면, 얼굴에 함박 미소를 지으면서 "충성! 운동하셨나 봅니다. 오늘 하루도 수고하셨습니다." 날씨가 더우면, "오늘 무척 더웠는데, 힘드시지는 않으셨습니까?" 필자가 병사에게 해 주어야 할 말인데, A일병이 먼저 필자에게 그런 말을 하는 것이다. 매일 같은 인사말을 하는 것도 아니다. 평일은 평일에 맞게, 금요일에는 주말과 관련된 적당한 인사말을 하는 것이었다. "충성! 일주일 동안 수고하셨습니다. 주말도 좋은 시간 되십시오." 필자가 미안할 정도로 친절하게 대하는 모습에 정감이 가지 않을 수 없었다.

하루는 필자가 그 병사에게 물었다. 군에서 병사가 이렇게 친절한 모습을 보기 어려운데, "A일병! 정말로 친절하구나. 칭찬 많이 하지?", "예! 저는 꿈이 있습니다. 사회에서 바리스타를 하다가 입대하였습니다. 사람들에게 친절하게 대하는 태도를 군에 와서도 계속 공부하고 있습니다. 전역하고 나면, 바리스타 공부와 함께 더 많은 경험을 쌓은 다음, 제 가게를 운영할 계획입니다. 그리고 좀 더 공부해서 해외에 나가서 저의 꿈을 펼쳐볼 생각입니다." A일병은 매우 구체적인 꿈을 가지고 있었다. 꿈이 있는 젊은이의 모습이었다. "군 생활은 자기하기 나름이라고 생각합니다. 힘들다고 하는데, 누구나 똑같습니다. 그러나 저는 군 생활하면서도 제가 가지고 있는 꿈을 이루기 위해 공부하고 있습니다. 군대에 간부와 병사들이 얼마나 많습니까. 이분들이 다 제 고객입니다. 친절하게 대할 수밖에 없지 않습니까? 또 제 자신도 지금 고객을 대하는 자세를 훈련하고 있는 것입니다. 그리고 야간에는 근무가 없으면, 매일 24시까지 연등을 합니다. 그 시간에는 책을 읽고 있습니다. 많은 사람들이 군 생활은 정체된 시기라고 하는데, 저는 아닙니다. 군대생활은 자기하기 나름입니다." 그 말을 들은 필자는 '야~! 정말 대단한 병사구나. 훌륭하다.'라는 생각이 절로 들었다.

군인이라는 신분이 자기계발하는 데 불리하다고 생각할지 모르지만, 자기하기 나름인 것이다. 성공한 인생을 만들기 위해서는 남들과 다른 방법으로 생각하고 행동해야 한다. 그러기 위해서는 우리가 지금까지 해왔던 방식보다는, 새로운 방식으로 행동할 필요가 있다. 조그마한 변화, 바로 이러한 변화가 인생에서 성공에 이르는 출발점이다. 미래에 성공한 인생을 위해 어떤 노력을 해야 할 것인지는 지금 결정해야 한다.

우리는 세상을 살아가면서 선택을 해야 하는 경우가 종종 있다. '내가 지금 군에 있지 않고, 사회에 있다면' '내가 만약 지금의 학교가 아닌, A대학을 갔더라면'과 같이 말하는 사람을 볼 수 있다.

인생을 살면서 '만약'이라는 말을 말이 사용하는 사람은 성공하지 못한 사람일 가능성이 크다. 과거 지나간 일을 아쉬워하면서 '만약'이라는 말을 많이 하는 사람일수록 준비를 제대로 하지 않고, 어떤 일을 결정한 사람일 가능성도 크다. 한 분야에서 성공한 사람은 운이 좋아서 그런 경우도 있지만, 다른 사람이 알지 못하는 피나는 노력과 준비를 한 사람이다.

이런 측면에서 보면 인생을 행복하게 살기 위해서는 전역하고 무엇을 시작할 것이 아니라, 지금부터 10년 앞을 내다보고 준비해야 할 필요가 있다. 전역을 하고나서 '만약'이라는 단어를 쓰지 않기 위해서다.

꽃이 필요할 때, 꽃씨를 뿌리면 이미 늦다. 성공하는 인생을 준비하려거든 군 생활을 하면서부터 씨앗을 뿌려야 한다. 비옥한 땅에 뿌려진 씨앗은 큰 수확을 얻을 것이고, 척박한 땅에 뿌려진 씨앗은 싹조차 볼 수 없을지도 모른다.

군 생활. 지금부터가 자신 인생의 시작이다. 선택은 내가 하는 것이다. 나의 인생은 나의 것이며, 어느 누구도 나의 인생을 대신해서 살아줄 수는 없다.

4. 삶에 변화를 주는 체력단련

어느 예비역 병장은 "나는 훈련병 시절, 체력단련 시간만 되면 자신감이 없어 뒤로 처지곤 했다. 결국 자대 배치 후 매일 아침 실시하는 뜀걸음에서 낙오하며 개념 없는 신병으로 찍혀 매우 고생했다. 군인에게 있어서 체력은 자신의 생명을 지켜주는 가장 중요한 무기라는 것을 알게 되었다. 따라서 입대를 앞둔 후배 장정들에게 체력단련을 열심히 하라고 조언하고 싶다."고 말한다.

이와 같이 군 생활 기간에 어느 정도의 체력이 필요하다는 것은 누구나 알고 있는 사실이다. 경험자들은 알고 있겠지만, 몸이 튼튼해지면 정신이 맑아지고 생각도 긍정적으로 바뀐다.

다음은 군 생활 중에 체력단련을 통하여 미래의 삶에 변화를 가져온 병사들의 사례이다.

　Y일병은 처음에는 이등병이라는 신분 때문에 운동하기가 힘들지 않을까 생각했다. 그러나 중대 간부들의 배려와 부대에서 체력 향상에 기울이는 관심 등으로 좋은 조건에서 체력단련을 할 수 있었다. 자신의 신체적 특성을 파악해 그에 맞는 체력단련 목표를 세우고, 매일 아침저녁으로 3km 뜀걸음과 오후 체력단련 시간을 이용하여 팔굽혀펴기와 윗몸일으키기를 꾸준히 할 수 있었다.

　이렇게 꾸준히 한 체력단련을 통해 5개월이 지나자 체력검정에서 특급을 받을 수 있었다. 체력검정의 정기측정은 연 1회 실시한다. 종목은 팔굽혀펴기, 윗몸 일으키기, 3km 달리기이다. 병사들의 체력검정 특급 기준은 팔굽혀펴기와 윗몸일으키기는 2분 내에 각각 72회 이상, 윗몸 일으키기 82개 이상이며, 3km는 12분 30초 이내에 들어와야 한다.

　체력검정 특급의 결과는 Y일병의 생활에 활력소로 자리 잡았을 뿐만 아니라, 익숙지 않은 환경 속에서 오는 병영생활 스트레스를 없애는 데 도움이 되었다. 또 각종 힘든 훈련도 거뜬히 완수할 수 있는 능력도 키웠다. 이제 체력단련은 Y일병에게 고된 운동이 아니라 즐거움이라고 한다. 군에 입대해 시작한 체력단련이 이제는 습관화되어 항상 즐겁고 활기찬 하루를 보낼 수 있도록 해 주고 있다. 자신의 인생을 변화시킨 것이다. 이렇듯 체력단련은 개인의 인생을 변화시킬 뿐만 아니라 전투력 증강에도 큰 도움이 된다.

― 연진혁, 「국방일보」,
'내 인생 변화의 시작 체력단련', 2010. 4. 28 ―

S일병은 입대 전에 키는 180cm, 몸무게는 57kg으로 저체중이었다. 무절제한 생활로 악화된 건강은 쉽게 회복되지 않았고, 무슨 일을 조금만 해도 쉽게 피로를 느꼈다. 군 생활에서도 잦은 야근과 근무로 초반에는 어려움을 느꼈다. 그러나 하루에 2~3개씩 늘려간 팔굽혀펴기, 윗몸일으키기는 시간이 흐르면서 거뜬히 200여 개를 할 수 있을 정도가 되었다. 체력이 좋아지니 정신 집중도 잘 되었다. 이처럼 건강을 회복하고 좋은 운동습관과 자신감을 갖게 된 것은 군 생활을 통해 얻은 가장 큰 선물이라고 한다.

군 생활 기간 중 체력을 증진시키기 위해서는 목표를 정해 놓고 운동을 해야 한다. 자신만의 체력단련 프로그램을 만들어 체중을 줄이거나 운동량을 측정하는 것도 좋은 방법이다.

예를 들어, 줄넘기 500회는 1km, 축구 한 경기는 3km, 농구 한 경기는 2km, 족구 한 경기는 1km 등 운동별로 거리를 환산하여 기록하는 것이다. 그리고 목표달성 여부는 자신의 운동량 목표를 메모지나 수첩에 적어 놓고 중간 중간 체크를 해야 효과가 있다.

5. 군대에서 대학 강의를 듣는다

군 생활을 하면서 대학 강의를 듣거나 학점을 취득할 수 있는 제도가 시행되고 있다. 국방부는 '꿈과 목표가 있는 병영생활'을 구현하기 위하여, 2009년부터 군 생활 중 사회와 연계된 개인학습과 자격증 취득의 기회를 제공하고 있다. 이를 위해 군대 내에 사이버지식정보방을 설치하고, 콘텐츠를 만들어 동영상 등을 통하여 원격으로 대학 강의수강, 학점은행제를 통한 학점취득, 국가기술자격증, 검정고시, 외국어와 정보기술 등의 공부를 할 수 있는 여건을 마련하여 시행하고 있다.

이는 2006년부터 중대급 부대에 인터넷을 사용할 수 있는 PC를 보급하고, '사이버지식정보방'을 구축함으로써 가능하게 되었다. '사이버지식정보방'이란 장병들이 사회와 단절되어 있다는 느낌이 들지 않도록 인터넷의 각종 커뮤니티를 활용한 자료검색, 자기개발을 위한 학습을 할 수 있도록 각급 부대에 설치된 인터넷이 가능한 PC방을 말한다.

각종 학습 자료는 'e-러닝포탈'을 통하여 이용할 수 있다. 'e-러닝'이란 군인공제회 C&C에서 운영하는 나라 사랑포탈(www.narasarang.or.kr)을 통하여 사이버공간에서 자기계발 학습 및 대학 강좌 등을 원격으로 교육받을 수 있는 체계이다. 'E-러닝' 콘텐츠는 학위강좌, 일반강좌, 취업정보로 구성되어 있는데, 무상 또는 유료로 운영한다.

학위 강좌는 군 복무 중 학점취득을 위해 대학의 학습관리시스템과 연동하여 대학 원격강좌를 수강신청 및 수강하는 것이며, 일반강좌는 어학과정, IT분야, 자격증, 검정고시 등 일반학원에서 강의하는 교육 콘텐츠를 학습하는 것이다. 취업정보는 취업가이드, 구인 및 채용정보, 구직정보, 취업지원센터 등을 제공한다.

사이버지식정보방 이용시간은 평일은 일과가 끝난 다음부터 21시까지, 휴일은 저녁점호 전까지 사용할 수 있다. 부대에 따라 학습을 위하여 필요한 경우에는 밤 12시까지도 연등이 가능하다. 병사들이나 영내에 거주하는 간부는 누구나 사이버지식정보방을 이용할 수 있다. 인터넷 PC를 사용하기 위해서는 실명으로 ID를 등록하여야 한다. 타인의 ID 사용은 금지토록 되어 있다. 또한, 군사자료 유출 방지를 위하여 보안관리 시스템을 운용하며, 건전한 사이버문화 정착을 위해 음란, 도박 등 불건전한 사이트 등의 접속도 차단하고 있다.

군에서는 교육지원을 위해 현역 병사들에게 '학습용 PC 사용료'를 일부 지원하고 있다. 지원대상은 대학 원격강좌, 고졸 검정고시, 자격증·IT·취업·어학공부 등을 이용하는 현역 병사로서 사이버지식정보방에 등록된 인원이다. 연간 2회(6월, 12월) 사이버 머니를 충전해 주는 방법으로 지원한다. 대학 원격강좌 수강방법과 학점은행제 학점취득 방법은 다음과 같다.

1) 대학 원격강좌 수강

대학 학점취득은 병역법과 고등교육법 및 시행령을 개정하여 2008년부터 시행하고 있다. 육군은 〈표 5-1〉과 같이 80여 개 대학과 협약을 맺어 원격강좌 수강을 통한 학점취득 기회를 제공하고 있으며, 이를 지속적으로 늘려가고 있다.

〈표 5-1〉 원격강좌 수강 대상 주요대학

원격 강좌 수강 대학 목록
강릉원주대, 강원대, 거제대, 건양대, 경동대, 경상대, 경성대, 경운대, 공주대, 관동대, 광운대, 나사렛대, 대구대, 대구예술대, 대전대, 동명대, 동아대, 동의대, 마산대, 목원대, 배재대, 백석대, 부산디지털대, 부산외대, 부산정보대, 사이버한국외대, 상지대, 서울디지털대, 신라대, 아주대, 영남대, 용인대, 우석대, 원광대, 원광디지털대, 원광보건대, 인제대, 인하대, 전남대, 전북대, 전주대, 제주대, 조선대, 중앙대, 창원대, 청주대, 충남대, 충북대, 충주대, 한국기술교육대, 한서대, 한성대, 한양대 등

학점취득은 부대 내에 설치된 '사이버지식정보방'의 'e-러닝'에서 원격강좌 수강을 통하여 이루어진다. 이 과정은 매년 3천여 명 이상이 수강신청을 하고 있다. 다음은 육군본부에서 발행한

『장병 자개개발 실무지침서』를 정리한 내용이다.

① 학점취득은 학기당 3학점, 연간 6학점을 취득할 수 있다.
② 학점취득 대상자는 대학재학 중에 입대한 사람만 가능하다.
③ 학점취득 후 학점인정 시기는 복학 및 졸업시점 등 학교별로 다르다.
④ 시험은 다음과 같은 3가지 유형으로 치른다.
  ㄱ. 온라인 시험은 부대에서 정해진 일자와 시간에 사이버지식정보방에서 응시한다.
  ㄴ. 오프라인 시험은 대학에 등교하여 실시한다. 따라서 대상자들은 이 때 휴가 등을 조치 받아 실시한다.
  ㄷ. 부대 내에서 오프라인 시험은 대학에서 부대 지휘관에게 시험지를 메일로 보내고, 지휘관의 감독 하에 시험을 보며 시험 답안지는 학교로 발송한다. 따라서 부대훈련 등으로 시험이 제한될 경우에는 지휘관이 교수와 미리 연락하고, 지휘관 확인서 발송 등을 통하여 불이익이 없도록 한다.

⑤ 수강신청을 할 때는 학사일정 및 전역 일을 고려하여야 한다. 학사일정의 1/4선 이내, 즉 1개월 이내 전역 및 복학하는 사람은 수강신청을 할 수 없다.
⑥ 동일과목을 다시 이수하고자 하는 경우는 학교별로 적용되는 학칙이 다르므로, 반드시 해당 학교에 확인하여 수강신청을 해야 한다.
⑦ 전공과목을 비전공 학생이 수강할 때에는 교양과목을 수강한 것으로 인정한다.
⑧ 원격강좌 수강 중에 특이사항(출석문제, 시험제한, 과제물 제출 등)이 발생하였을 경우에는 군인공제회 C&C(02-2139-0678)에 연

락하여 대책을 강구한다.

⑨ 학점취득은 재학 중인 대학의 학점취득만 가능하다.

⑩ 수강신청 및 온라인 원격수업은 나라 사랑포탈 메일과 공지사항을 수시로 확인하여 개인별 불이익이 없도록 한다.

⑪ 학위취득 절차는 다음과 같다.

ㄱ. 수강신청은 매년 2월과 8월에 '나라 사랑포탈' 사이트에서 사이버머니를 충전한 다음, 수강신청 및 변경, 취소일자, 개설과목, 수강료 등 학사일정을 안내에 따라 신청하면 된다.

ㄴ. 수강신청은 재학생 여부, 과목 재이수 여부, 전공 및 교양수강 가능 과목 확인 후 '접수 및 완료' 여부를 확인한다.

ㄷ. 강의는 매년 3월초, 9월초에 시작한다.

ㄹ. 강좌는 사이버지식정보방에서 수강한다. 한 학기는 15~16주 동안 실시하며, 주중 30~40분 분량의 동영상 강의를 2~3회 듣는다.

ㅁ. 수강기간 중 시험평가 및 리포트 제출 등은 학사일정에 따른다.

ㅂ. 종강은 1학기는 매년 6월이고, 2학기는 12월이다.

ㅅ. 성적은 개별적으로 통보하고, 학교에서 기록 및 관리한다.

⑫ '나라 사랑포탈' 사이트 회원 인증은 다음과 같이 한다.

ㄱ. 현역병은 사이버지식정보방 회원으로 등록할 때 자동으로 정회원이 된다.

ㄴ. 정회원으로 등록을 하고 난 다음, 'e-머니 계좌 신청하기'를 클릭하여 'E-머니 지정된 은행의 가상계좌'를 생성해야 한다.

ㄷ. 전역할 때는 자신의 계정을 삭제하여야 한다.

⑬ 수강신청 방법은 다음과 같다.

ㄱ. 'E-머니'를 충전해야 하며, 'E-머니' 충전금액은 수강료보다 많아야 등록할 수 있다.

ㄴ. 로그인 한 다음 '개인정보수정' 버튼을 클릭한다. 이때 소속 대학명,

학번, 연락처를 기재하여야 한다.

ㄷ. 소속대학의 수강신청 가능과목이 표시되면, 개설강좌 중 '강좌명'을 선택하여 수강신청을 한다.

ㄹ. 목록에 수강신청한 과목이 표시되고, '강좌수강' 버튼을 클릭하면 학교 시스템과 연동된다.

⑭ 훈련 등 부대사정으로 출석이 어려운 때는 '나라 사랑포탈'을 운영하는 군인공제회에 사유를 설명하고, 부대의 지휘관확인서를 제출해야 한다. 그리고 '미출석 강의 듣기'는 학교시스템에 출석현황 근거로 남겨둔다.

⑮ 사이버지식정보방을 이용하여 과제물을 제출하는 방법은 다음과 같다.

ㄱ. 과제물 작성을 한 다음, 나라 사랑포털 메일에 첨부하여 임시저장한다.

ㄴ. 제출은 반드시 나라 사랑포탈의 메일을 이용하여 2Mbyte 범위 내로 전송한다. 일반 개인메일 사용은 제한된다.

2) 학점은행제 학점취득

학점은행제를 이용한 학점취득제도는 정규대학에 가지 않고도 교과부에서 평가인정 하는 학습기관을 이수하였을 경우, 이를 학점으로 인정하거나 학점으로 적립하여 학위취득이 가능하도록 한 평생교육제도이다.

'평가인정'이란 군 교육훈련기관에서 개설하는 학습과목에 대하여 대학교에 상응하는 질적 수준을 갖추었는지를 평가하여 학습과목으로 인정하는 것을 말한다. 육군은 10개 병과학교 55개

과정을 학점인정 과정으로 운영 중이며, 여기서 취득한 학점을 170여 개 대학에서 인정하고 있다. 학점이 인정되는 각 병과학교의 교육훈련 이수과정은 〈표 5-2〉와 같다.

〈표 5-2〉 학점인정 군 교육훈련 이수과정

학 교 명	과 정	학 교 명	과 정
종합군수학교	전차수리병 등 23개	공병학교	전기공사병 등 3개
정보통신학교	레이더운용정비병 등 7개	포병학교	자주포정비병 등 2개
항공학교	운항관제반 등 5개	방공학교	발칸포운용 등 5개
종합행정학교	수사특기병 등 2개	화학학교	화학병
기계화학교	전차승무병 등 5개	특수전교육단	공수기본 등 2개

평가인정 대상교육은 각 병과학교의 교육과정 중에서 4주 이상 교육을 받는 과정이 해당된다. 평가인정 결정은 교과부의 평생교육진흥원에서 병과학교의 교육내용, 교관 등을 평가하여 결정한다. 성적평가는 중간 및 기말고사, 과제물, 수업태도 등에 의한 성적을 기준으로 산출한다. 성적평가 결과는 분기단위 종료 후 평생교육진흥원에 제출한다. 군 교육훈련과정 이수자에 대한 학점취득 과정은 다음과 같다.

① 전역 후에 소속대학 또는 학점은행제 학점으로 인정을 받으려면 먼저 필요한 서류를 구비하여 평생교육진흥원에 교육생으로 등록하여야 한다. 이때 필요한 서류는 학습자 등록신청서, 최종학력 증명서, 가족관계증명서, 사진 등이다.

② 교육생 등록 후 학점이 필요한 시기에 평생교육진흥원 학점

은행제 홈페이지에 접속하여 '군 교육훈련 학점인정서'를 발급받고, '학습과목 이수 증명서'를 준비하여 평생교육진흥원 또는 소속대학에 제출한다. 군 교육훈련 과정을 이수할 경우, 과정 당 2~3학점을 대학 또는 학점은행제 학점으로 인정하고 있다.

군에서 학점을 취득한다는 것. 몇 년 전만해도 상상조차 할 수 없었던 일이다. 군 복무가 이제는 인생의 정체기가 아닌 자기개발을 할 수 있는 생산적인 기간이 되어 가고 있다.

자신을 위해 열심히 사는 사람은 '시간이 없다'는 생각을 한다. 반면 그렇지 않은 사람은 군 생활 기간이 '시간이 정말로 안 간다'는 생각을 한다. 군 생활은 사람에 따라 인생을 낭비하는 시간이 될 수도 있고, 성공으로 향하는 계기가 될 수도 있다. 어떤 선택을 해서 군 생활을 하느냐에 따라 그 결과에는 많은 차이가 있다. '구슬도 꿰어야 보배'라는 말이 있다. 아무리 좋은 것이라도 실천을 해야 얻을 수 있는 것이다.

6. 자격증과 검정고시 취득

국방부는 군 복무기간 중 1인 1자격증 취득과 개인사정으로 고등학교를 졸업하지 못하고 입대한 병사들에게 검정고시를 치르는 것을 장려하고 있다. 이러한 기회를 잘 활용만 한다면, 군 복무기간이 진정으로 의미 있는 기간이 될 수 있을 것이다. 이제 군에서도 꿈과 희망을 가지고 도전하면 성공하는 인생의 초석을 만들 수 있게 되었다.

1) 국가기술자격증

군에서는 장병의 자기 계발 및 군 장비운용과 정비인력 확보를 위해 1인 1자격증 취득을 권장하고 있다. 국가기술자격증 취득은 한국 산업인력공단에서 시행하는 것과 똑같은 방법으로 시험을 치른다. 시험은 연간 2회(1월, 7월) 실시하며, 합격자에게는 국가기술자격증을 사회와 똑같이 발급하고 있다.

군 생활하면서 많은 자격증을 취득한 어느 병사의 이야기다.

21개월 군 생활을 헛되이 보내지 않겠다는 목표를 세웠는데, 군 복무 동안 8개의 자격증을 취득하게 되었습니다. 그렇지만 8개의 자격증을 단 한 번에 모두 딴것은 아닙니다. 3개의 자격증은 한 차례씩 낙방을 하였습니다. 그렇지만 고된 일과를 마치고 딴 자격증이라 더욱 뿌듯한 마음이 듭니다. 자격증을 따고 나니 자신감이 생기기 시작하였습니다. 입대하기 전 다른 사람에게 말 한마디 걸기조차 어려운 조용한 성격이었는데, 지금은 성격까지 활발하게 바뀌었습니다. 다른 사람이 군 생활을 뭐라고 말할지 모르겠지만, 저에게는 군 생활은 너무도 소중한 시간이었습니다. 군에서 얻은 자신감을 가지고, 사회에서도 꼭 성공할 것입니다. 군 복무 중 취득한 자격증은 군 생활 내내 활력소가 되었으며, 전역 후에도 무엇을 할 수 있다는 자신감을 갖게 하는 원동력이 될 것입니다.

<표 5-3> 종목별 응시자격

산업기사 (16종목)	보일러, 자동차정비, 자동차검사, 궤도장비정비, 건설기계정비, 용접, 위험물관리, 전기공사, 전자, 정보통신, 통신선로, 항공, 토목, 건축설비, 건축, 정보처리
기능사 (40종목)	보일러시공, 보일러취급, 자동차정비, 자동차차체수리, 자동차검사, 건설기계기관정비, 건설기계차체정비, 기중기운전, 굴삭기운전, 불도저운전, 로더운전, 롤러운전, 모터그레이더운전, 지게차운전, 궤도장비정비, 용접, 특수용접, 배관, 위험물(제1류~6류), 전기, 전자기기, 전자계산기, 통신기기, 통신선로, 정보기기운용, 무선설비, 항공기체정비, 측량, 전산응용건축제도, 항공사진, 건축도장, 정보처리, 가스, 환경, 조리(한식·양식·중식)

군에서 취득 가능한 시험등급 및 종목은 산업기사는 16개 종목이며, 기능사는 40개 종목으로 위의 〈표 5-3〉과 같다.

국가기술자격증 취득을 위한 준비는 두 가지 방법으로 진행된다. 1차 필기시험 준비는 개인별로 자율학습을 실시한다. 2차 실기시험의 일부종목은 부대별로 집체교육을 실시하여, 합격할 수 있는 여건을 최대한 제공하고 있다. 필기시험 합격자는 2년간 필기시험이 면제된다. 따라서 전역 후에도 한국 산업인력공단에서 시행하는 실기시험에 응시를 할 수 있다. 필기시험 검정과목 전부가 면제되는 경우는 아래와 같다.

① 필기시험에 합격하고 2년 이내에 동일 등급, 동일 종목에 응시할 때
② 실기시험만 시행하는 종목인 건축목공, 건축도장, 조적, 미장, 타일, 항공사진, 철근에 응시할 때
③ 국가기술자격법시행규칙에 의거 공병학교, 종합군수학교 필기면제 교육과정을 수료하고 1년 이상 동일한 직무분야에서 군복무한 사람으로 '군 기술교육기관 훈련이수 확인서'를 발급받은 사람

또한, 중졸 입영자에게는 개인의 희망에 따라 기술특기를 부여하는 '중졸 특기병 제도'가 있다. 이들에게는 입영 전에 개인이 희망하는 특기를 선택할 수 있도록 하고, 위의 ③항목에 해당 되도록 필기면제 주특기 교육과정을 이수하게 한다. 그리고 자대에서 해당 주특기에 보직을 시켜, 필기가 면제되는 자격증을 취득할 수 있도록 제도적으로 지원해 주고 있다. 군 기술교

242

육기관으로 훈련이수 대상은 〈표 5-4〉와 같다.

<표 5-4> 군 기술교육기관 훈련이수 대상

교육훈련기관	교육과정	면제종목	비고
공병학교	환경시설관리	환경기능사	기존 면제종목
	불도저 특기	불도저운전기능사	실무부대 주특기 심화교육 포함
	그레이더	모터그레이더운전기능사	
	로우더 특기	로우더운전기능사	
	굴삭기 특기	굴삭기운전기능사	
	공병장비정비	건설기계기관정비기능사 건설기계차체정비기능사	
종합군수학교	일반차량중급	자동차정비기능사	
	차량운용초급		
	차량정비		
	화력기능장	궤도장비정비기능사	
	지게차운전	지게차운전기능사	실무부대 주특기 심화교육 포함
	발칸수리	전자기기기능사	
	용접철물수리	용접기능사, 특수용접기능사	

　시험원서 접수는 각 부대에서 육군 인트라넷을 통해 실시한다. 인트라넷에서는 시험에 관련된 각종 정보와 안내도 받을 수 있다. 시험결과도 본인이 직접 확인할 수 있다. 시험응시는 본인 희망에 따라 종목을 선택하며, 연 2회 응시할 수 있다. 〈표 5-5〉는 종목별 응시자격을 나타낸 것이다.

<표 5-5> 종목별 응시자격

구 분	산 업 기 사	기능사
기술자격 소지자	• 동일직무분야 산업기사 • 기능사+동일직무 1년 경력	제한 없음
관련학과 졸업자	• 전문대졸업자 • 노동부령이 정하는 산업기사 수준의 기술훈련과정 이수자	
비관련학과 졸업자	• 4년제 대학졸업자 • 3년제 전문대졸+동일직무 0.5년 경력 • 2년제 전문대졸+동일직무 1년 경력	
순수 경력자	• 2년	

육군 정보포탈 'HRD정보센터'의 국가기술자격증 'e-러닝'에서는 국가기술자격 취득에 대한 46개 종목의 동영상 콘텐츠를 제공하고 있다. 이외에도 워드 1·2급, 인터넷 정보검색사 1·2급, 컴퓨터 활용 1·2·3급 등을 지원한다. 국가기술자격증 동영상을 제공하는 콘텐츠 세부 내용은 <표 5-6>과 같다.

<표 5-6> 동영상 강의

분 야	종 목 명	분 야	종 목 명
전 기	전기기사 등 9개 종목	통 신	정보통신기사 등 3개 종목
안 전	산업안전기사 등 11개 종목	I T	정보처리기사 등 4개 종목
화 공	위험물산업기사 등 3개 종목	유 통	유통관리사
산 업 응 용	품질경영기사, 품질경영산업기사	음·식료	조리기능사 등 3개 종목
건 축	건축기사 4개 종목	사회복지	사회복지사
토 목	토목기사, 토목산업기사	도로교통	도로교통사고 감정사
기 계	일반기계기사, 기계설계산업기사	위생 및 서비스	피부미용사

2) 한국어 능력평가

　군 장병의 국어교육 향상을 위한 사이버 강좌 수강은 인터넷의 KBS 한국어학당 강좌 또는 육군 포탈홈페이지—HRD정보센터—자격증 강좌 'e-러닝' 등의 방법이 있다. 학습지원은 국방부와 'KBS 한국어진흥원'과 협약을 맺어 동영상 강좌 프로그램을 무료로 제공하고 있다. 동영상 강좌에 필요한 교재는 개인별로 구입하여야 한다.

　한국어 능력평가 시험은 KBS 한국방송에서 주관하는 국가공인 KBS 한국어능력시험이 있다. 시험문제는 객관식 오지선다형으로 출제되며 듣기평가를 포함하여 100문항이다. 군에서는 특별단체 시험을 통하여 한국어능력시험을 볼 수 있는데, 국방부 특별단체 시험은 일반 정기시험과 별도로 운영한다. 평가 및 등급은 그룹 내의 평균과 표준편차를 적용하여 산출하는 방식으로 부여한다. 따라서 자격취득이 일반 정기시험에 비해 유리한 편이다.

　시험을 보기 위한 원서접수는 한국어능력시험(www.kit.co.kr)홈페이지에 회원 가입한 후 신청을 하면 된다. 시험장에는 수험표, 필기도구, 신분증을 지참하여야 한다. 시험결과에 대한 성적은 위 인터넷 홈페이지에서 확인하며, 합격자는 KBS 한국어진흥원에서 자격증을 우편으로 발송한다.

3) 검정고시 취득

　군에서는 고등학교를 졸업하지 못하고 입대한 병사들을 대상
으로 각종 자격증이나 검정고시를 치를 수 있는 여건을 마련해
주고 있다. 이를 위해 공부시간 마련, 사이버지식정보방의 콘텐
츠 등도 지원하며, 생활관 내에 사이버지식정보방, 병영도서관
등 공부할 수 있는 공간도 있다. 누구나 마음만 먹으면 자기 계
발을 할 수 있는 여건이 준비되어 있는 것이다. 군 생활하면서
검정고시에 합격한 병사들의 수기 모음집인『검정고시 합격수기
(육본 발행)』의 일부를 발췌하였다.

　아직 전역할 날이 많이 남았지만 고등학교도 졸업하지 않은 B상병.
아무 생각 없이 훈련하고 생활하며 하루하루를 의미 없게 보내던 군대
생활이었고, 군대에서 전역하고 나면 무엇을 할지, 무슨 직업을 선택해
서 어떻게 살아야 할지 막막하고 머리가 복잡하였다.
　고등학교 시절을 철없게 지내면서, 평생에 한 번 있는 학창시절을 재
미있게 보내야겠다는 생각으로 자유분방하게 생활하였다. 그러다보니
학교에서는 '양아치'라는 별명까지 얻게 되었고, 고등학교 1학년 때는 자
퇴까지 하게 되었다. 친구들은 3년 동안을 열심히 공부해서 대학을 가겠
다고 했지만, B상병은 사회생활을 열심히 하기로 했다. 밑바닥부터 배우
면서 경험도 쌓고 적금도 넣어서 나름대로 노력에 대한 보상을 받았다
고 생각했다. 그러나 시간이 지나면서, 미래에 대한 불안감이 들기 시작
했다. 그래서 당시 다니던 회사 사장님의 권유로 검정고시를 준비하게
되었다. 3개월 동안 열심히 준비해서 시험을 보았으나, 합격점수와는 거
리가 너무 멀었다. 이에 회의를 느끼게 되었고, 현실도피 수단으로 군에

입대하게 되었다.

　입대 후, 군에서도 검정고시를 볼 수 있다는 것을 알게 되었다. 새로운 목표가 생긴 것이다. 하루에 3시간 정도 잠을 자면서 공부를 하였다. 그러나 한 번도 접해보지 않았던 내용은 너무나 어려웠다. 그때마다 포기하고 싶을 때가 많았지만 같은 처지에서 검정고시를 준비하는 전우들과 개인시간까지 희생하면서 가르쳐 주는 동료 전우들의 성원으로 합격의 영광을 얻을 수 있었다. 어머니는 합격소식을 듣고 우셨고, 아버지는 태어나 처음으로 기특하다고 칭찬해 주셨다.

　지금 생각하면 야간 연등을 신청하여 밤이 깊어가도록 글자를 읽어가던 시간들, 자투리 시간을 활용하여 풀었던 수학 문제들, 후임들과 선임들에게 모르는 것을 배워가며 구하고자 했던 것들은 아마 단순히 '고등학교 졸업장'이라는 종이 한 장이 아니었다. 인생에서 자신을 불사르게 했던 순간들을 경험하며, 새로운 세상을 살아갈 수 있다는 희망을 찾은 것이다.

　부친의 잦은 음주와 그로 인한 다툼으로 부모님이 이혼한 N일병. 중학교 2학년 때는 부친까지 세상을 떠났다. 모친과 함께 살아가고 있던 N일병은 사춘기가 되면서 방황하기 시작했다. 잦은 무단결석으로 고등학교를 자퇴하였다. 어느 정도 사회생활이 익숙해지자, 알게 모르게 따라다니는 '고등학교 자퇴'라는 학력. 학교친구가 없던 N일병은 지인들과 이야기를 할 때마다 '학력'이라는 말만 나오면 마음이 아팠다. 이러던 중 입영통지서를 받고 군에 입대하였고, 군에서 검정고시를 볼 수 있다는 말에 귀가 솔깃해졌다. 항상 마음 한구석 자리 잡고 있었던 학력에 대한 부담감, 절망에서 희망을 찾을 수 있는 좋은 기회가 찾아온 것이다.

　오랜만에 다시 잡은 책은 수많은 어려움을 가져왔다. 모르는 문제는 메모해 두었다가, 자유시간이나 야간에 선·후임들에게 찾아가 질문하였다. 이러한 과정을 통하여 서로를 더 많이 알게 되는 계기도 되었다. 또한, 군 생활에 대한 재미도 조금씩 느끼기 시작하였다. 부대원들의 많은 배려와 도움, 5개월간의 노력으로 당당하게 검정고시에 합격하였다. 검정고시에 합격한 다음, N일병은 "나는 단순히 시험에 합격한 것이 아니다. 군대에 와서 잃어버렸던 자신감과 용기를 찾게 되었다. 시험 준비를 하면서 느꼈던 전우애, 유대감을 통하여 사람과 소통하는 방법을 배웠다. 그리고 지금은 자신감과 용기가 가슴속에서 꿈틀거리고 있다."고 말한다.

C일병에게는 지금까지 살면서 '합격'과 '성공'이라는 말은 자신과 상관 없는 것들이었다. C일병은 1992년 인천의 평범한 가정에서 태어나 부모 님과 단란하게 지냈다. 그러나 1997년 IMF로 부친이 운영하던 회사가 부도나면서 생활이 바뀌기 시작했다. 회사 부도로 아버지는 빚 독촉에 시달리게 되었고, 술로 하루하루를 보내게 되었다. 이런 가정환경으로 세상을 원망하기 시작하였다. 불량 친구들과 어울리면서 술, 담배, 오토바이, 친구들에게 폭행까지 하게 되었다. 그러던 중 부모님들은 관계가 더욱 악화되어 결국 이혼을 하였다. 6년간 방황을 하던 C일병은 집으로 돌아왔지만, 그동안 보낸 세월에 대한 두려움이 앞서기 시작했다. 검정고시를 준비했지만 결국 떨어지고, 현실도피 수단으로 군에 입대하였다.

그렇지만 군에서도 검정고시를 치를 수 있는 기회를 다시 잡을 수 있었다. 명문대를 다니는 선임병의 도움, 검정고시 관련 책 무상지원, 밤 12시까지 연등, 동기들에게 1:1 과외까지 받아가면서 준비한 결과, 합격 통지를 받았다.

태어나서 처음으로 목표달성과 '합격'이라는 말을 들은 것이다. 그것도 2개월 만에 합격하였다. 남들이 허송세월이라고 부르는 군 복무 중에 남들은 군 생활을 어떻게 말할지 모르지만, C일병은 "인생역전의 발판을 마련해 준 소중한 시간이다."라고 말한다. 1년이 넘게 남아 있는 지금, '힘든 군에서 검정고시 시험에 합격하는 병사가 매년 천여 명 이상이다. 그리고 검정고시에 합격한 병사들에게는 몇 가지 공통점이 있었다. 학창시절 방황을 하다가 현실회피의 수단으로 군에 입대하였고, 군에 와서 정신을 차리고 보니 고등학교 졸업장이 필요하다는 것을 느꼈다는 것이다. 또한, 부대에서는 공부할 수 있는 여건을 마련해 주고, 전우들도 많은 도움을 주고 있다는 것이다. 이러한 과정에서 전우들과 친해지고, 인생에 대한 자신감도 얻었다는 것이다.

지금 이 시간에도 검정고시를 준비해야 할 것인가를 망설이는 병사가 있을 것이다. '사회에서도 하지 못한 검정고시를 군 복무 중인 내가 할 수 있을까?'라는 생각 때문이다. 이렇게 검정고시에 대한 고민을 하는 병사가 있다면, 필자는 적극적으로 도전할 것을 권하고 싶다. 군대에서 인생을 제대로 살아볼 수 있는 기초를 다진다는 생각으로 도전하는 것이다. 많은 전우들이 하는데 못할 것도 없다.

데모스테네스는 '작고 사소한 기회들이 때로는 커다란 일의 시작이 된다'고 하였다. '할 수 있다'는 신념을 가지고, 군에서 인생을 한 번 바꿔보자는 각오로 시작해 보는 것이다. 두드리는 자에게 문은 열리게 되어 있다.

인생이란 누구에게나 한 번 주어지는 것이다. 젊음도 마찬가지다. 나의 가치와 인격은 나 스스로 만들어 가는 것이다. 순간순간이 모두 삶의 한 부분이다. 소중하지 않은 것이 하나도 없다. 어떤 삶을 살아갈지는 자신이 결정한다.

링컨은 '사람은 자기가 결심하는 만큼 행복해질 수 있다'고 하였다. 세상을 살면서 누구에게나 힘든 부분은 있다. 그러나 힘들 때 그것을 슬기롭고 긍정적인 자세로 극복하려는 자세를 가질 때 삶은 달라질 수 있다. 아래 내용은 검정고시를 준비하기 위해 필요한 내용이다.

① 검정고시를 준비하는 병사들에게는 병영도서관에서 24시까지 연등을 허용해 준다. 필요한 경우 자유시간이나 휴일 등에 공부도우미를 편성하여 강의도 지원한다.

② 교육콘텐츠는 인트라넷과 인터넷 사이버지식정보방을 활용하며, 여기서는 400개 이상의 무료 강좌를 제공하고 있다.

③ 검정고시 시험은 매년 2회(4월, 8월) 실시한다. 원서접수는 2월과 6월에 지역별 시·도교육청에서 지정하는 학교에서 한다. 응시자는 시험당일 휴가, 외출 등 시험을 볼 수 있도록 조치도 해준다.

④ 검정고시 응시과목은 총 8개과목이며, 4지선다형으로 출제된

다. 육군에서 학습동영상으로 제공되는 과목은 필수 6과목,
선택 Ⅰ에서는 도덕, 선택 Ⅱ에서는 가정과학과목이다. 〈표
5-7〉은 검정고시 응시과목 내용이다.

〈표 5-7〉 검정고시 응시과목

필수과목(6)	선택 Ⅰ	선택 Ⅱ
국어, 영어, 수학, 사회, 과학, 국사	도덕, 음악, 미술, 기술, 체육	정보사회와 컴퓨터, 농업과학, 공업기술, 독일어, 프랑스어, 스페인어, 중국어, 일본어, 러시아어, 아랍어, 한문, 가정과학
필수	1과목 선택	1과목 선택

⑤ 인터넷을 활용한 동영상 강좌 신청 절차는 다음과 같다.

ㄱ. 부대의 사이버지식정보방에서 'E-러닝'이 가능하도록 회원으로 등록한다.

ㄴ. 나라 사랑포털사이트에서 '군 E-러닝 – 일반강좌 – 검정고시'로 접속한다.

ㄷ. 검정고시 '강좌명'을 클릭하면 수강신청 화면으로 이동하며, 수강신청을 할 수 있다.

ㄹ. 검정고시 강의실로 입장하여 수강하면 된다.

7. 해외파병 지원

2011년 1월 21일. 소말리아 해역에서 이루어진 '아덴만 여명작전'은 국민들에게 국군의 위용을 알리기에 충분했다. 소말리아 해역에 파견되어 임무를 수행하던 청해부대가 해적에게 납치된 삼호주얼리호의 선원을 안전하게 구출한 것이다.

2011년 1월 17일. 아랍에미리트에서 출발해 스리랑카로 운항하고 있던 삼호 주얼리호는 오만 동쪽의 인도양 부근 해역에서 해적선에 납치되었다. 삼호 주얼리호를 납치한 해적들은 항로를 바꾸어 소말리아로 향하고 있었고, 연락을 받은 최영함은 지부티 항에서 긴급 출항했다. 이틀이 지난 1월 17일이 되자, 2,000 여km 떨어져 있던 삼호 주얼리호 인근까지 도착할 수 있었다. 선원들을 구출할 수 있는 기회를 찾고 있던 최영함 대원들은, 1월 18일 해적들이 다른 선박을 추가로 납치하기 위해 분산되자 작전을 개시하였다. 그러자 삼호주얼리호에 남아 있던 해적들이 투항의사를 밝혔다. 그러나 특수전 여단 대원들이 접근하자 기습사격을 실시하였다. 해적들의 속임수로, 1차 작전에서 납치된 선원들을 구출하는 데 실패하였다.

2차 작전은 1월 21일 새벽 4시 50분경에 시작되었다. 해적들의 경계가 취약한 새벽시간을 이용한 것이다. 고속정 3척과 링스헬기에 저격수를 태우고 작전을 개시하였다. 링스헬기에 탑승한 저격수가 보초를 서는 해적을 사살하고, 특수전 대원들은 배 뒤쪽으로 올라가 공격을 했다. 치밀한 작전계획에 따라 작전은 완벽하게 수행되었다. 작전이 시작되고, 불과 4시간여 만에 선원 21명 모두를 무사히 구출한 것이다. 비록 구출과정에서 석해균 선장이 해적의 사격으로 중상을 입었지만, 기적과 같이 목숨을 건질 수 있었다. 대원들의 피해는 없었다. 해적은 8명이 사살되었고, 나머지 5명은 투항했다. 아덴만 해역에서 해적들의 활동은 지금도 계속되고 있다. 청해부대는 지금도 우리 민간선박의 안전한 항해를 위해 작전을 수행 중이다. 이와 같이 우리 군의 해외파병 활동은 국가의 위상과 우리 국민의 안전을 지키는데 많은 기여를 하고 있다.

해외파병의 역사는 군사편찬연구소의 자료에 잘 나타나 있는데, 주요 내용을 보면 다음과 같다. 한국군의 최초 해외파병은 월남전이었다. 1964년 7월 한미동맹 차원에서 미국은 한국에 파병을 요청하였다. 요청을 받은 한국은 국회의 동의를 받아, 제1이동외과병원의 선발대를 8월 16일 현지에 파견하였다. 이어 9월 11일에는 140명 규모의 한국군의료지원단이 사이공으로 출발했다. 9월 25일에는 파병부대를 통합 지휘할 '주월 한국군사령부'

를 창설하면서 초대사령관으로 채명신 소장을 임명하였다. 전투부대인 제2해병여단(청룡부대)은 10월 9일에, 수도사단은 11월에 파병되었다. 이어서 1966년 4월에는 수도사단 제26연대가, 1966년 10월에는 백마부대가 추가로 파병되었다.

베트남 전쟁이 끝나고 파병부대를 지휘하던 '주월 한국군사령부'는 1973년 7월 '제3야전군사령부' 창설의 모체가 되었다. 수도사단은 1973년 3월 수도기계화보병사단으로 개편되었다. 청룡부대는 해병 제2사단으로 개편되어, 현재 서해 5도를 담당하고 있다. 이러한 한국군의 베트남파병은 국군의 현대화와 경제적 발전에 많은 영향을 주었다.

월남전 이후 파병은 1991년 걸프전이었다. 국군 의료지원단과 공군 수송단 인원 등 200여 명을 파병하여 다국적군을 지원하였다. 그 후 1990년대는 앙골라 파병, 동티모르에 상록수 부대를, 2000년대 들어와서는 아프간에 동의부대와 다산부대를 파병하였다. 2007년부터는 레바논 평화유지단, 아이티, UAE에 군사훈련협력단 등을 파병하고 있다.

이와 같이 한국군은 해외파병과 더불어 유엔에서 주관하고 있는 평화유지활동에도 적극적으로 참여하고 있다. 유엔의 평화유지활동, 즉 PKO(Peace Keeping Operation)는 세계 각지에서 발생하고 있는 분쟁의 확산 방지 및 평화를 유지하기 위한 활동이다.

한국군 최초의 유엔 평화유지활동은 1993년 소말리아에 공병대대를 파병한 것이다. 2012년을 기준으로 동명부대, 오쉬노부대, 단비부대 등 15개국 19개 지역에서 1,400여 명이 국제평화유지활동 임무를 수행하고 있다.

2010년 이후에는 아이티 지진 피해복구를 위한 단비부대, 지방 재건팀 요원보호를 위한 아프간의 오쉬노부대 등과 같은 평화유지활동도 벌이고 있다. 2012년에는 아랍에미리트(UAE)에 군사훈련 협력단까지 파병을 하게 되었다. 130명으로 편성된 아크(Akh)부대는 '형제'라는 뜻의 아랍어 명칭으로 한국과 UAE 특전부대의 친밀한 관계를 표현한 것이다. 아크부대 파병은 분쟁 이외의 지역에 대한 파병이다. 이는 군사협력과 국익을 창출하는 파병으로 한국군이 연합작전수행 능력, 첨단무기 개발이나 국방운영 기법 등이 국제사회에서 인정받고 있음을 의미한다고 하겠다.

이와 같이 평화유지활동은 국군을 해외에 파병하여 한국의 국제적 위상을 높이고, 현지주민의 한국에 대한 호감, 해외에서 활동하는 국민 및 기업보호, 민간기업 진출을 위한 발판 마련 등 다양한 외교안보 역할을 하고 있다. 또한, 현지인들이 한국방문을 통해 한글 교육, 태권도 교실, 컴퓨터 교실, 새마을 운동 등을 배우는 것은 국가이미지를 홍보하는 데 큰 효과가 있었다. 이와 같이 한국군의 해외 파병은 군사적 성과 외에 문화·경제적인 효과로 국가 브랜드 향상에 많은 도움이 되고 있다.

앞으로도 국군의 유엔 평화유지활동은 계속 확대될 가능성이 높다. 따라서 세계 평화유지를 위한 활동에 더 많은 참여를 하게 될 것이며, 이를 통하여 우리 국군은 미래의 진정한 평화 수호자로서 그 진가를 유감없이 발휘할 것으로 기대된다.

또한, 국가의 위상이 높아지면서 파병을 희망하는 장병들도 늘고 있다. 병사들의 해외파병은 개별적으로 지원이 가능하며, 지원 절차는 다음과 같다.

① 해외파병 부대는 매년 육군본부 인트라넷 게시판을 통하여
공개하고 있으며, 파병지원은 육군본부 인트라넷 홈페이지에
접속하여 개인적으로 신청을 할 수 있다.

② 해외파병 인원의 선발은 모체부대 선발과 중앙선발로 구분한
다. 모체부대 선발은 모체부대로 지정된 부대에서 파병에 필
요한 병과, 계급, 특기 등을 고려하여 모체부대장 책임 하에
선발을 한다. 중앙선발은 육군본부에서 전군을 대상으로 지
원자를 접수받거나 지정하여 선발하는 것을 말한다. 중앙선
발 대상은 모체부대에서 선발이 제한되는 직책이나 파병부대
지휘관 및 참모요원 등이다.

③ 해외파병 인원은 현지에서 즉각적인 임무수행이 가능하도록
다음과 같은 조건을 갖춘 인원을 우선 선발한다. 해당특기의
경력, 관련 자격증, 사회경력 등 임무수행능력, 유경험자, 전
역일자 등을 고려하여 선발하며, 조건이 동일한 경우에는 선
임병을 우선적으로 선발한다. 이 외에 전투프로, 특급전사로
선발된 인원, 모범병사 등도 선발 고려요소에 포함된다. 파병
기간은 6개월을 기준으로 한다.

④ 해외파병에 대한 인식이 바뀌면서 전역을 미루고서라도 가고
싶어 하는 사람도 많지만, 이는 병역법에 명시된 병 복무기간
을 초과하게 되므로 지원이 제한된다. 따라서 파병기간 및 귀
국 후 위로휴가 기간을 고려하여 이 기간 중에 전역하는 사람
은 지원할 수 없다. 파병복귀 후 휴가는 파병기간이 5개월 미
만인 사람은 복귀 후 귀국일로부터 15일이다. 파병기간이 5개
월 이상인 사람은 귀국일로부터 25일간의 특별 위로휴가를

실시한다. 파병 위로휴가를 실시한 후에 전역일이 10일 미만
으로 남는 사람은, 소속부대 지휘관의 판단에 따라 정기휴가
를 제한할 수 있다. 또한, 의무복무 기간을 마치고 복무기간
을 연장하여 근무할 수 있는 전문하사는 병사직위에 지원이
제한된다. 병사직위는 병사의 신분을 가진 경우에만 지원을
할 수 있다.

⑤ 어학병은 해당 특기로 선발하는 직위와 공통특기에서 선발하
는 직위로 구분된다. 해당특기에서 선발하는 어학직위는 선
발하고자 하는 직책과 군사특기가 동일한 인원 중 어학능력
을 보유한 자를 말한다. 공통특기는 주특기와 관계없이 어학
자원을 선발하는 것이다. 어학직위 선발인원은 어학성적이
토익 900점대, 텝스 850점 이상에서 선발이 된다. 어학성적이
높더라도 통역이 어렵다고 판단되는 인원은 파병이 제한될
수 있다. 어학직위 선발 고려요소에는 해외유학 3년 이상이거
나 해외거주 경력 등도 포함된다.

⑥ 해외파병을 지원하고 나면, 그 결과를 중대장에게 보고해야
한다. 중대장은 해당 병사에 대하여 '지휘관 추천서'를 작성하
여 제출한다. 또한, 중대장은 부모 동의 여부도 전화로 확인
한다. 부모동의서는 선발된 자에 한하여 파병 전 소집교육을
할 때 휴대하면 된다. 병사들의 경우 '부모동의서'는 필수적인
사항이다. 그리고 병사가 지원한 부대의 인사부서에서는 자
격증, 입대 전 경력, 필요시 어학성적 및 군 운전경력 등을 작
성하여 지휘계통으로 추천하게 된다.

⑦ 해외파병에 선발이 되고 나면, 각 부대 인사담당자가 선발인

원에게 소집계획을 개별적으로 통보한다. 소집 전에는 가장 가까운 군병원에서 신체검사를 받는다. 선발인원에 대한 집결은 부대별로 단체로 이동하거나 개인별로 집결을 할 수 있다. 집결할 때 지참해야 하는 품목은 병생활지도기록부, 병적기록표 사본, 부모동의서, 가족관계증명서 1부, 초도보급 품목, 개인소지품, 여권(소지자), 방독면 안경 등이다. 휴대전화나 전자제품은 지참할 수 없다. 부모동의서는 국제평화지원단으로 집결할 때 지참하여 파병준비단 인사실무자에게 제출하면 된다.

⑧ 파병 전 교육은 병 기본훈련과 주특기 능력 배양을 위한 2주 교육과 현지 적응, 임무수행능력 숙달을 위한 5주간의 소집교육을 실시한다. 2주 교육은 선발부대 성격에 따라 공병, 보급, 통신, 취사 등의 기능부대에서 교육한다. 현지적응 교육은 실제지형과 유사한 환경을 구비하여 작전 및 위험요소에 대한 교육을 특수전교육단에서 받게 된다. 2004년 이라크 파병 전 교육은 학생중앙군사학교와 특수전교육단에서 실시했는데, 현재는 특수전교육단에서 전담하여 실시하고 있다. 해외파견 전담부대인 국제평화유지단(온누리부대)이 창설됨에 따라 상시 파견 체제도 구축되어 있는 상태다.

한국군의 국제평화유지활동 주요 임무 중의 하나는 민군작전이다. 평화유지군으로서의 민사작전은 다른 많은 나라들이 생각하지 못했던 것을 적용함으로써 현지인들의 좋은 반응을 보이고 있다. 민군작전을 위한 파병 전 교육은 새마을 연수원과 한국국제협력단(KOICA)에서 위탁교육을 받는다. 새마을 운동과 국제협력에 관련된 기본소양을 갖추기 위해서다.

8. 전역 후 미래설계 비용 마련

군 복무를 하면서 전역 후 등록금이나 어학연수 비용을 마련할 수 있는 기회가 있는데, 대표적인 것이 전문하사 제도이다. 전문하사 제도란 병 의무복무 기간을 마친 후 지원에 의해 일정기간 동안 하사로 복무하는 것을 말한다. 또한, 현역부사관, 간부사관으로 일정 기간을 복무하는 제도도 있다. 현역부사관은 일병~병장계급에서 부사관으로 지원하여 4년간 복무하며, 간부사관은 소위로 임관하여 3년간 복무하는 제도이다. 이러한 제도들은 매월 100여만 원 이상을 저축할 수 있어, 전역 후에 필요한 일정액의 목돈을 마련할 수 있다. 각 제도에 대하여 살펴보았다.

1) 전문하사 제도

전문하사 제도는 병사들의 의무복무기간인 21개월을 마친 다음, 본인의 희망에 의해 6~18개월 범위 내에서 일정액의 급여를 받으면서 연장복무를 하는 것이다. 연장복무는 최저 6개월이고, 최대 18개월까지이며 월단위로 선택할 수 있다. 이 제도는 군과 병사 개인으로부터도 유용한 제도로 평가받고 있다.

군에서는 21개월간 병 생활을 마친 경험이 풍부한 자원으로 즉각 임무수행과 첨단장비를 운용할 수 있는 숙련된 자원을 확보할 수 있다. 전문하사는 2주간의 교육을 받은 후, 특별한 적응기간 없이도 바로 능력발휘를 할 수 있는 자원들이다. 또한, 21개월간 병사생활을 마친 경험과 리더십은 조직에 많은 기여를 할 수 있고, 임관 전에 복무했던 분야에서 계속 근무할 수 있기 때문에 숙련된 기술을 그대로 활용할 수 있는 것이다.

병사 개인적으로는 전역 후 복학할 때까지의 공백 기간을 활용하여, 군 간부로 근무하면서 대학 학자금이나 어학연수 비용을 마련할 수 있다는 장점이 있다. 이러한 이유로 매년 전문하사를 지원하는 병사들이 늘고 있다.

전문하사 선발은 2가지 형태로 이루어진다.

첫째, 21개월간의 의무복무를 마친 다음, 하사로 임관하여 6~18개월 범위 내에서 연장복무 신청 및 선발하는 방법이다. 이러한 병사들은 자대에서 의무복무를 마치기 전에 지원을 받아 심사를 거쳐 선발한다.

① ‘연장복무’란 본인의 신청에 따라 복무기간을 연장하는 것이다. 연장복무 기간은 6~18개월까지 월단위로 본인이 선택할 수 있다. 복무기간 추가 연장은 복무만료 3개월 전까지 인사계통으로 보고하면, 심의를 거쳐 승인한다. 추가 연장복무 기간은 최소 2개월 이상 신청하여 3회까지 할 수 있는데, 임관일로부터 총 18개월을 초과할 수 없다.

② 18개월의 연장복무 기간이 끝난 다음, 추가로 복무를 희망하는 경우는 ‘연장복무’가 아닌, ‘복무연장’이 된다. 복무연장은 1년 단위로 해서 3년까지 할 수 있다. 복무연장 신청은 전문하사 복무 만료일을 기준으로 3개월 이전에 신청하여야 한다. 전문하사에서 단기복무 부사관(이하 ‘단기하사’)으로 지원을 할 수도 있다. 단기하사 지원은 전문하사로 임관하여 6개월이 지나야 가능하다. 전문하사와 단기하사는 지급되는 수당과 복무기간에 차이가 있다. 단기하사는 전문하사에 비해 매월 50여만 원 이상의 수당을 더 받는다. 의무복무기간도 전문하사 임관일로부터 4년이다.

③ 전문하사 지원은 전역 일을 기준으로 남은 복무기간이 2~6개월인 현역 병사들로, 매월 수시로 지원이 가능하다. 전문하사 모집은 현역으로 한정하고 있어, 상근예비역은 지원을 할 수 없다. 상근예비역 중에서 부사관 지원을 희망할 경우에는 민간 부사관으로 지원하여야 한다. 지원 자격은 고졸이상의 학력으로 임관일자를 기준으로 18세 이상~27세 이하이며, 신체등급 및 신체등위가 3급 이상이 되어야 한다.

④ 지원은 해당부대 인사계통으로 하면 된다. 필요한 서류는 지원서 및 서약서, 가족관계증명서, 고교 생활기록부 또는 대학 성적증명서, 신원진술서, 중대장 및 행정보급관 추천서 등이다. 고졸 자격증이 없는 사람은 전역 전까지 검정고시를 통하여 동등학력의 자격을 취득하면 지원이 가능하다. 모집내용은 육군 홈페이지에서 확인할 수 있다. 선발심의는 신원조회, 신체검사, 온라인 인성검사, 면접평가 및 체력측정을 실시한다.

⑤ 전문하사는 임관 전에 복무했던 분야에서 계속 근무할 수 있다. 하사 직위에 복무를 하는 것이 원칙이지만, 제한될 경우에는 병사 직위에서도 복무할 수 있다. 보직관리는 연대장급 이상 지휘관이 판단하여 부족한 직위에 보충한다. 그러나 본인이 희망하는 부대나 연고지 부대로의 조정은 제한된다.

⑥ 전문하사의 임관교육은 각 군사령부별로 지정된 신병교육대에서 실시한다. 교육 입교할 때는 초도보급품과 개인화기, 개인장구류 등을 지참하면 된다. 임관일은 병사로 전역하는 다음날이 된다. 신분은 군인사법에 의해 '하사'로 인정을 받는다.

⑦ 전문하사 선발 후 취하는 임관 전까지만 가능하다. 임관 이후에는 취하가 제한된다. 취하는 행정보급관이나 인사담당관을 통하여 인사계통으로 신청을 하면 된다. 전문하사 전역일은 임관일자를 기준으로 연장복무 개월을 더한 달의 전날이 된다. 예를 들어, 6개월 연장복무를 신청하여 4월 20일에 임관하였다면, 10월 19일이 전역일이 되는 것이다.

⑧ 전문하사의 보수는 하사 봉급에 준하며, 병사 복무기간을 포함하여 24개월 미만은 '하사 2호봉', 24개월 이상인 경우 '하사 3호봉'의 급여가 지급된다. 또한, 장려수당은 일시불 또는 매월 일정액으로 받을 수 있다. 시간외 근무를 하는 경우에는 시간외 근무수당도 별도로 받을 수 있다. 매월 영외급식비와 분기별 복지자금도 지급된다.

6개월 이상 근무하는 전문하사는 군인연금을 적용한 퇴직금도 받을 수 있다. 퇴직금은 복무기간별로 차이가 있다. 병사 복무기간을 산입하는 경우에는 매월 일정액의 소급기여금을 추가로 납입하여야 하지만, 전역할 때 퇴직금 지급액은 상당액 증가된다. 병사 복무기간 산입은 연금법에 따라 병사로 복무한 기간에 대하여 추가로 퇴직금 지급을 할 수 있도록 하사 복무기간에 포함하는 제도이다. 산입 신청은 본인이 신청서를 작성하여 '국군재정관리단'에 제출하면 된다. 세부 내용은 국군재정관리단에 문의하면 확인할 수 있다.

둘째는 민간자원 중에서 전문병으로 지원한 인원을 대상으로 선발하는 방법이다. 이 인원들은 의무복무기간까지는 전문병으로 생활을 하며, 의무복무기간이 끝나면 전문하사로 임관하여 복무하게 된다. 복무기간은 입대 일을 기준으로 3년간이다. 전문병은 3년이 복무조건이므로 전문병 임명 후에는 개인적인 사유로 인한 취하를 할 수 없다. 입대 전에 전문병으로 지원 및 선발된 인원은 훈련소에 입영하여 신병교육을 받으며, 수료 후에는 전문병에 맞는 특기를 받는다. 전문병은 자대 전입 1개월 후에 임명한

다. 장려수당은 임명명령을 근거로 인사계통으로 신청하여 지급
받는다.

전문병이 전문하사로 임관하면, 5개월까지는 하사 기본급과 일
정액의 보전수당을 받는다. 그리고 6개월 지나면 매달 60만 원
정도의 장려수당을 추가로 받게 된다. 또한 입대 5개월 이상이
되면, 현역병과 동일하게 단기하사로 지원할 수도 있다. 전문하
사로 임관을 할 경우 다양한 혜택을 받을 수 있는데, 그 혜택은
다음과 같다.

① 피복은 임관할 때 지급되는 것 이외에 별도의 피복구매권은
지급되지 않는다. 그러나 13개월 이상 근무를 하게 되면, 근
무기간을 고려하여 일정액의 피복구매권이 지급된다. 전문하
사에서 단기하사로 선발이 되면, 다음 해부터 피복구매권이
지급된다.

② 임관 이후에는 영내대기 기간 없이 바로 영외거주를 할 수 있
다. 부양가족이 있는 경우에는 부대별 심의를 통하여 군 관사
에도 입주할 수 있다. 퇴근 후에는 부대별 여건에 따라 야간
대학이나 사이버대학의 진학도 가능하다.

③ 연가는 1년을 기준으로 간부들과 같은 21일을 실시할 수 있으
며, 6개월인 경우에는 11일을 사용할 수 있다. 전국에 있는 군
휴양시설 및 지역별 쇼핑센터도 이용할 수 있다. 또한 전문하
사도 군인공제회 회원저축 가입이 가능하다. 매월 70여만 원
을 회원저축에 가입하면 6개월 후 전역을 할 때는 450여만
원, 12개월 후에는 900여만 원 이상을 받을 수 있다. 자세한

내용은 군인공제회 사이트를 참고하기 바란다. 전역을 한 다음, 공무원에 채용되면 현역병 및 전문하사 복무기간이 호봉 계산에도 포함된다.

2) 현역부사관

현역부사관은 12주간 부사관 임관교육을 받고, 하사로 임관하여 4년간 군 복무하는 제도이다. 지원 자격은 고졸 이상의 학력과 임관일을 기준으로 18세~27세 이하, 신체등급은 3급, 신체등위는 2급 이상이 되어야 한다. 또한, 현역병사들만 지원이 가능한데 부사관학교 입교일자 기준 일병~병장계급이어야 한다. 따라서 전역일이 부사관학교 입교일 이전이 되면 현역부사관에 지원할 수 없다.

현역부사관과 전문하사의 차이점은 첫째, 전문하사는 복무기간을 6~18개월까지 선택할 수 있으나, 현역부사관은 임관 후 4년이다. 둘째, 수당금액 차이가 있다. 현역부사관은 전문하사보다 장려수당이 많으며, 수행임무에 따라 위험수당, 기술수당 등이 지급된다. 간부들에게 부여되는 아파트 특별 분양, 자녀교육 지원 등 각종 복지혜택도 받을 수 있다.

간부사관은 현역인 병사, 부사관 또는 예비역 중에서 일정시험을 거쳐 장교로 임관할 수 있는 제도이다. 지원 자격은 병사는 상병 또는 병장인 경우, 현역 부사관은 자대에서 6개월 이상 근무한 경력이 있을 때 가능하다. 예비역은 현역으로 전역 후 2년이 경과하지 않은 사람만 지원할 수 있다. 연령은 임관일 기준 20세~27세 이하인 사람이다.

학력은 4년제 대학 2학년 수료자, 전문학사 학위 소지자 또는 전문대학 졸업자, 이와 동등 이상의 학력이 있어야 한다. 직업전문학교와 사설학원 등의 학력은 인정되지 않는다. 의무복무기간은 3년이며, 희망하는 사람은 장기복무 또는 복무연장이 가능하다. 지원은 육군본부 인터넷 및 인트라넷 '육군모집' 사이트에서 할 수 있다.

1차 선발은 소속부대 지휘관이 근무평가 및 지휘추천서열로 평가하여 우수자를 선발한다. 2차 평가는 육군본부 인사사령부에서 실시한다. 선발평가는 육군 지적능력평가결과, 필기고사, 서류전형으로 한다. 필기고사에는 국사가 포함된다.

최종선발은 2차 합격자를 대상으로 체력검정, 면접평가, 신체검사, 인성검사, 신원조회를 실시하여 선발한다. 체력검정은 1.5km 달리기, 윗몸일으키기, 팔굽혀펴기의 3종목이다. 신장은 남자는 161~195cm, 체중 46~119kg, 여자는 155~183cm, 체중 40~87kg이다. 선발평가에서는 자격증이나 체력특기를 보유한 사람에게 가점을 부여하는데, 주요 내용은 다음과 같다.

① 한국어 능력 자격증 보유자, 영어 또는 외국어 자격증 보유자, 한자 3급 이상 자격증 보유자, 컴퓨터 관련 국가공인 자격증 보유자. 단, 전산실무능력과 거리가 있는 자격증은 가산점 대상에서 제외된다.

② 무도 1단 이상 유단자

③ 고등학교 이상 재학 시 지방자치단체장급 또는 국무총리, 장관, 경찰청장, 검찰청장, 대학총장이 수여한 선행 및 봉사정신 우수로 상장 또는 표창을 받은 사람

④ 고등학교 재학 당시 학생회장, 대학교 총학생회장(부서장, 단과대학 회장 포함) 등의 경력 보유자

⑤ 안보학과 관련되는 북한학, 국가안보론, 리더십, 전쟁사, 무기체계 등의 과목을 이수한 자

⑥ 아래에 해당하는 분야에서 국위를 선양한 사람
　ㄱ. 전국체전, 국가 주관 아시아 또는 세계대회 체육 분야에서 3위 이상 입상자
　ㄴ. 문화 및 예술기능분야의 문화체육관광부장관 주관 대회에서 입상자

⑦ 병영체험이나 전문자격증을 소지한 자
　ㄱ. 국방부 및 육·해·공군이 주관하는 안보토론회 또는 병영체험자
　ㄴ. 기능사, 산업기사, 기사 등의 전문자격증 소지자

9. 전역은 인생의 새로운 출발점

훈련소 시절이 엊그제 같은데, 어느 덧 시간이 흘러 그토록 되고 싶었던 왕고가 되었다. 전역할 날이 얼마 남지 않았는데 시간은 무척이나 느리게 지나간다. 하루가 일 년 같다. 그러다 말년 휴가를 가게 되면 곧 전역한다는 느낌을 받는다.

전역이 가까워 오면서 두려움 반, 설렘 반으로 하루하루를 보낸다. 전역 날짜가 가까워 오면 마냥 기쁠 줄 알았는데, 꼭 그렇지만은 않은 것 같다. 군대 들어올 때는 낯선 것에 대한 두려움이 있었는데, 전역이 가까워지면서 또 다른 두려움이 생긴다. '사회에 나가서 무엇을 해야 하는가?'에 대한 두려움이다. 학교 다니다 온 사람들은 다르겠지만, 졸업하고 온 사람들에게는 걱정이 더욱 커진다.

내일은 전역을 하는 날. 누구에게나 전역하는 날은 어김없이 다가온다. 내일이면 새로운 세상에서 생활한다고 생각하니 잠이 오지 않는다. 군대에서는 입영 첫날뿐만 아니라 전역하기 하루 전날도 잠이 오지 않는다. 2년 전 입대한 보충대, 훈련소에서 고생하던 생각. 신병훈련 마지막 코스로 야간 행군을 할 때는 상상할 수도 없었던 전역이다. 그런데 벌써 내일이 전역하는 날이다. 그동안 생활의 일부가 되었던 전투복도, 생활관도, 전우들도 모두 뒤로하고 떠날 시간이 된 것이다.

그러나 막상 떠난다는 생각을 하면 아쉽다는 생각이 든다. 참으로 이상한 일이다. 그렇게 가기 싫었던 군대에서 전역을 앞두고 있는데, 좋지만은 않은 것이다. 마음 한구석에서는 허전함도 느낀다. 생각조차도 하기 싫었던 곳인데, 21개월이란 시간을 보내면서 정이 많이 든 것 같다.

전역하는 날 아침이 밝았다. 군 생활을 하는 21개월 중 어느 날 보다도 반가운 날. 드디어 전역하는 날이다. 그러나 실감이 나지 않는다. 점호를 마치고 나면 그동안 사용했던 군장과 부대 물품을 반납한다. 식사 후에는 대대장 전역신고가 기다리고 있다. 전역신고를 마치고 나서 이곳저곳을 들리며, 21개월 간 동고동락했던 전우들과 인사를 나눈다. 생활관 밖으로 나오니 100여 명이 넘는 병사들이 환송해 주기 위해 기다리고 있다. 모두들 부러운 시선이다.

"K상병! 나 집에 간다. 후임들아! 남은 군 생활 건강하게 잘해라." 무엇인가 기쁘면서 뿌듯한 마음도 든다. 후임들의 도열을 받으며 위병소로 향한다. 위병소로 가는데 연병장, 부대의 시설물이 눈에 들어온다. 훈련과 땀으로 추억이 담긴 연병장, 하루의 피곤함을 풀어 주었던 생활관, 군대 냄새가 물씬 나는 병영식당,

부대를 들어오고 나갈 때마다 마주치던 위병소 등 수많은 추억이 남아 있는 곳들이다. 얼마나 많은 인고의 세월을 보냈던 곳인가? 이런 곳을 떠난다고 생각하니 마음이 울컥한다.

드디어 그렇게 바라고 바랐던 위병소를 통과한다. 꿈에서나 이루어질 것 같았던 자유를 얻는 느낌이다. '내가 21개월 동안 살았던, 하루라도 빨리 탈출하고 싶었던 곳. 정이 가지 않을 거라 믿어 의심치 않았던 곳.' 그런데 막상 위병소를 나오는 마음은 생각보다 기쁘지 않다. 그런 기분도 잠시, 전역했다는 기쁨에 흥분이 된다. 공기마저 상쾌한 기분이 든다. 처음에는 전역한 것을 실감하지 못하고, 왠지 부대로 복귀해야 할 것 같은 느낌도 든다. 말 그대로 만감이 교차하는 순간이다.

시간이 흘러 군 생활을 생각해보면 즐겁고 아름다운 추억이라는 생각이 든다. 복학하여 학교에 다닐 때는, 군대도 다녀왔는데 '무엇인들 못 하겠는가?'라는 생각이 든다. 군 생활에서 얻은 인내심과 힘든 훈련을 통하여 경험한 성취감이 사회생활에서 자신감을 갖게 하는 것이다. 이런 소중한 경험은 군대아니면 어디서도 얻을 수 없다. 또한, 군 생활은 인생에서 절대로 잊을 수 없는 귀중한 시간이라는 것도 느끼게 된다. 그렇지만 다시 그때로 돌아가라면 못할 것 같은 생각이 든다. 다음은 어느 예비역 병장의 경험담이다.

'군 입영통지서'가 집으로 날라 왔다. 우편 배달원 아저씨에게 물었다.

"저 군에서 전역한지 얼마 안 됐어요."

"나는 모릅니다. 그것은 병무청에서 확인해 보세요."

놀란 마음에 바로 병무청으로 달려갔다. 업무창구에서 "내가 얼마 전 전역을 했는데, 왜 영장이 또 날아온 거죠."

"군대 갔다 왔어요?"

"예! 전방에 있는 00사단 0연대 3대대 2중대 1소대에서 전역을 했다 니까요."라고 큰소리로 말했다.

"그러면 군번을 말해 보세요.", "10-987000이요."

"예? 그런 군번은 찾을 수 없는데요. 잘못 알고 계신 거 아니세요."

"무슨 말입니까? 저는 군대 갔다 왔다니까요!"

"전역한 기록이 없어요. 뭔가 잘못알고 계신 거 같네요. 전역했다는 기록이 없습니다. 그러니 군대 가야합니다."

"예? 뭐라구요? 군대를 가라구요? 엊그제 전역했는데, 또 군대를 가라 구요? 이건 말도 안 됩니다." 소리를 지르면서 화가 나기 시작했다.

"군대를 또 가라고? 이건 아냐! 아냐!" 소리를 질렀다. 꿈이었다. 그것 도 악몽이었다. 머리에서는 식은땀이 주르륵 흘렀다. 생각만 해도 소름 이 끼치는 꿈이었다.

사람들은 자신이 경험했던 어떤 생활이 불합리하고 만족하지 않더라도, 고생이나 많은 노력을 들인 경험은 애정과 추억의 대상이 된다고 한다. 군대생활이 그렇다. 그래서 군에서 고생을 많이 한 사람일수록 자신의 군대 생활을 자랑스럽게 여기는 경향이 있다.

군 생활을 마치고 나면, 자신의 선택에 의해 인생을 살아가야 할 나이가 된다. 20대 초반까지는 많은 사람들이 자신의 인생을 살아온 것이 아니라, 부모가 정해주는 삶을 살아왔다. 자신의 인생관이나 가치관을 정하지 못하고 자신이 무엇을 원하는지, 무엇이 되고 싶은지도 모르는 상태로 살아온 것이다. 그러나 전역을 하고 나면 부모들도 간섭이나 통제를 하지 않는 경우가 많다.

따라서 전역은 우리에게 있어 스스로 선택해서 살아가는 인생의 출발점이라는 중요한 의미를 가진다. 지금부터는 누군가에게 보여주기 위한 삶이 아니라 무엇인가를 이루기 위해 계획하고 노력하는 '목표 있는 삶'을 살아가야 하는 것이다.

사람은 일생을 살아가면서 여러 가지 변화를 겪는다. 그리고 그 변화된 상황에 부딪치고 적응해 나가며 성장을 한다. 대한민국 남자에게 있어 군 생활이란 것은 중요한 경험이며, 또 다른 자신을 발견하고 완성해 나가는 과정이다. 군 생활에서는 통제된 공간과 생활양식, 꽉 짜인 일정 속에서 사회에서는 느낄 수 없었던 여러 가지 경험을 하게 된다. 또한, 고된 훈련과 힘든 과업을 해가면서 세상이 쉽지 않다는 것을 배운다. 다른 사람과 함께 살아가는 법도 배운다.

짐 콜린스의 『좋은 기업을 넘어 위대한 기업으로』에는 다음과 같은 내용이 있다.

알이 있다고 가정해보자. 처음에는 아무도 관심이 없지만, 어느 날 껍데기가 깨지면서 병아리가 나온다. 알이 하룻밤 사이에 근본적인 변화를 이루어 병아리가 된 것 같지만, 실제로는 그렇지 않다. 세상 모두가 알에 대해 관심을 갖지 않고 있는 동안,

병아리는 조금씩 성장하고 변화하여 마침내 부화한 것이다. 남들은 잘 모르지만 병아리의 입장에서 볼 때, 껍데기를 깨기 위해서 수많은 노력과 시간을 들인 것이다. 남들이 모르는 노력을 통하여 새로운 세계를 맞이하게 된 것이다.

군대생활도 마찬가지다. 군에 가 있는 동안 사람들은 무관심하다. 그러나 군대생활을 하는 사람들은 수많은 어려움과 역경을 극복하면서 하루하루를 보내고 있다. 이러한 과정을 통하여 새로운 세계를 살아가기 위한 충분한 준비를 하고 있는 것이다. 흔히 인생에서 무언가 큰 변화를 겪고 이후의 삶이 달라졌을 때, '터닝 포인트'라는 말을 사용한다. 군대생활 자체가 지금까지 살아 온 세상과 다르기에 실제로 많은 사람들이 '20대의 터닝 포인트'를 경험하고 있다.

전역한 선배들은 군 생활 동안 무엇을 가장 후회하느냐는 질문에, "별 계획 없이 군 생활을 한 것과 좀 더 열심히 하지 않았던 것에 후회한다."고 한다. 이와 같이 군 생활할 때는 힘들지

몰라도 전역을 하고 나면, 열심히 군 생활하지 않은 것을 후회한다고 한다. 따라서 군에 가면서 인생의 목표와 함께 군 생활에 대한 목표를 세우고, 그것을 실천해야 한다. 그리고 순간순간에 최선을 다하는 자세로 생활해야 한다.

공짜로 얻은 돈과 내가 열심히 노력해서 번 돈에 대해 느끼는 가치는 사뭇 다르다. 느끼는 가치가 다르기 때문에 쓰는 것도 다르다. 공짜로 얻은 50만 원은 쉽게 쓴다. 그러나 내가 일주일 동안 밤을 새워가면서 아르바이트로 번 50만 원은 쓰기가 쉽지 않다. "세상에는 공짜가 없다."라는 말이 있듯이, 고생을 해서 얻은 것이라야 그 가치를 느낀다. 세상을 살면서 어려운 일이 많겠지만, 군 복무기간 중에 있는 힘들고 어려운 상황도 언젠가는 지나갈 것이다. 또한, 힘들었던 군 생활의 경험은 자신의 역경을 이겨낼 수 있는 극기력의 기준을 더 높게 만들어 준다. 이런 것을 통해서 얻은 성취감은 미래의 행복을 가져다 줄 씨앗이 될 것이다. 군대는 젊었을 때 가는 것이고, 고생도 젊을 때 해야 한다.

나이 들면 하고 싶어도 할 수 없는 것이 군 생활이다. 기회는 항상 있는 것이 아니다.

인생을 80세까지 산다고 가정했을 때, 군대에 있는 2년이란 세월은 아주 작은 부분에 불과하다. 인생에서 그리 많은 부분을 차지하는 것이 아닐 수 있다. 그러나 군 생활의 경험은 인생에서 큰 역할을 할 수 있다. 거기에는 충분한 이유가 있다. 군 생활을 통해서 평생을 살아갈 튼튼한 몸을 만들고, 각양각색의 사람들을 만나고, 사회에서는 할 수 없는 다양한 경험을 하며, 인내심과 극기력을 배운다.

이러한 것들은 인생을 살아가면서 삶을 밝혀줄 보석이 될 것이다. 군대에는 이와 같이 숨겨진 보물이 많이 있다. 단지 그것을 발견하는 사람이 있고, 그렇지 못하는 사람이 있을 뿐이다. 숨겨진 보물은 누구나 찾을 수 있다. 다른 사람들이 먼저 찾아갔다고 없어지는 것도 아니다.

인생에서 가장 소중한 시간은 바로 지금이다. 과거가 모여 현재
가 되었듯이, 지금하고 있는 군 생활이 모여 미래의 웃는 모습
을 만들어 줄 것이다. 그러므로 군 생활을 하고 있는 지금, 군에
서 어떤 보물을 찾을 것인가를 생각하고 행동으로 옮겨야 할 것
이다. 끝으로, 오늘도 값진 보물들을 발견하기 위해 노력하고 있
는 전우들의 건투를 기원한다.

■ 지은이 **민찬규**

현역 대령. 1987년 육군사관학교 졸업.
백골사단에서 소대장, 중대장, 대대장 생활.
육군본부, 제1야전군 사령부, 군수사령부 등 근무.

〈저서 및 주요 연구문〉
『내 아들 군대 갔어요』(2011)
〈사병피복류 만족도에 미치는 영향요인 연구〉
〈전투력 향상을 위한 전투화 발전방안〉
〈입고만 있어도 든든한 방탄복 개발 방향〉 등 다수.

세상을 향한 첫 발걸음
군대에서 배운다

초판인쇄 2013년 1월 5일
초판발행 2013년 1월 10일
저   자 민찬규
발 행 인 권호순
발 행 처 시간의물레
등   록 2002년 12월 9일
등록번호 제1-3148호
주   소 서울시 마포구 마포대로 4다길 1층
전   화 02-3273-3867
팩   스 02-3273-3868
전자우편 timeofr@naver.com
I S B N 978-89-6511-054-5 (03390)
정   가 12,000원

ⓒ민찬규 2013